Brigitte Kleinod und Friedhelm Strickler
Unser blühendes Dach

Gedruckt auf
100% Recyclingpapier

Brigitte Kleinod und Friedhelm Strickler

Unser blühendes Dach

Naturnahe Dachbegrünung mit und ohne Solaranlage für mehr Biodiversität und Klimaschutz

Erfahrungen und Anleitungen für die Praxis

pala verlag

Inhalt

Platz ist auf der kleinsten Hütte

Mit jedem Gebäude, ob Haus oder Schuppen, wird Boden versiegelt und Leben vernichtet. Naturnah gestaltete und mit heimischen Pflanzen begrünte Dachflächen leisten einen kleinen Ausgleich für die Flächenversiegelung mit neuen, wenn auch ganz anderen Lebensräumen als den ursprünglichen unter den Gebäuden. Es entstehen Lebens- und Aufenthaltsräume für verschiedenste Pflanzen- und Tierarten und viele Möglichkeiten für Naturbeobachtungen. Wenn es dort grünt und blüht, stellen sich nach und nach Schmetterlinge, Wildbienen, vielerlei Käfer, Schwebfliegen und Singvögel ein. Noch lebhafter geht es zu, wenn zusätzliche Nisthilfen angeboten werden. Wer will da noch auf Dachpappe oder blanken Kies schauen? Das Dach eines begrünten Gartenhauses oder einer Garage bietet – vom Fenster oder Balkon aus betrachtet – ganz neue Ausblicke und Einblicke in das Naturgeschehen. Diese Sinneseindrücke bereichern unser Leben und helfen auch, den Alltag ein wenig zu entschleunigen.

Mit diesem Buch möchten wir Ihnen Begrünungen für kleine Dächer vorstellen, die Sie selbst ausführen können. Zunächst werden dazu die ökologischen Grundlagen und die technischen Voraussetzungen beschrieben. Anschließend erklären wir Schritt für Schritt die Arbeitsabläufe für flache, geneigte und steile Dächer. Bei den konkreten Beispielen ab Seite 101 und mithilfe der Tabellen ab Seite 136 finden Sie dann bestimmt die Bepflanzung, die zu Ihrem Dach passt. Was Sie beachten müssen, damit das Dach und die Bepflanzung lange halten, erklären wir Ihnen ebenfalls. Im Anhang finden Sie dann noch ein bisschen »Fachchinesisch«, falls Sie etwas nachschlagen möchten, sowie Bezugsquellen für Pflanzen und Materialien.

Lassen Sie sich nicht entmutigen, wenn Ihnen das eine oder andere zunächst etwas kompliziert erscheint. Beim Tun auf dem Dach wird manches einfacher, als es hier im Text den Anschein hat. Wir haben schon viele Dächer begrünt und sind immer wieder begeistert, mit wie wenig Aufwand sich grüne Oasen schaffen lassen. Schon nach wenigen Wochen zeigen sich die ersten Blüten auf dem Dach und viele Insekten wie Käfer, Hummeln und Schmetterlinge finden in Kürze den Weg dorthin. Deshalb sind uns die Pflanzenvielfalt und reiche Strukturierung auch auf kleinen Dächern so wichtig.

Durch die artenreiche Dachbegrünung entsteht ein Lebensraum für viele Insekten:
Je artenreicher und naturnäher die Begrünung ist, desto länger blüht es,
was wiederum umso mehr Insektenarten Nektar und Pollen bietet

Wir hoffen, Sie mit unserer Begeisterung anstecken zu können und Ihnen alles Wichtige für eine erfolgreiche naturnahe Dachbegrünung mit auf den Weg zu geben. Wir wünschen Ihnen viel Erfolg und Freude beim Erschaffen eines neuen Lebensraumes.

Brigitte Kleinod Friedhelm Strickler

Das Prinzip »blühendes Dach«

In der Natur gibt es nichts »Sauberes« oder gar »Steriles«, denn fast alles kann von Bakterien, Pilzen und Pflanzen besiedelt werden. Dazu gehören auch künstliche Flächen wie Gebäude, die schnell von Algen, Flechten und Moosen erobert werden. Was vielen Menschen ein Graus ist, freut Biologen und Naturfreunde, denn die genannten Pioniere auf nackten Flächen bereiten den Boden für weitere Pflanzen und für Tiere.

Biologen und Biologinnen beobachten gerne, was sich von selbst ansiedelt. Gärtnernde helfen lieber nach und gestalten Flächen nach ihren Vorstellungen.

Architekten und Bauherren aufgepasst: Klimaschutz und Biodiversität auf Wohn- und Gewerbegebäuden

Die konkreten Begrünungsbeispiele in diesem Buch wurden aus Gründen von DIN-Normen und der Haftung nur für Nebengebäude entwickelt. Allerdings gelten alle hier genannten Aussagen zu Substraten, der Pflanzenvielfalt und den Voraussetzungen für Biodiversität ebenso für Wohngebäude und Gewerbebauten.

In vielen Städten werden Gründächer schon lange gefördert und Studien zur positiven Wirkung auf das Stadtklima und den Wasserabfluss sind längst bekannt. Neu ist aber eine wissenschaftliche Studie zur Erfassung der Biodiversität auf Gründächern in Hamburg, die unter anderem 387 verschiedene Käferarten sowie eine überraschende Vielfalt an Wildbienen und Wespen, darunter auch viele Rote-Liste-Arten, festgestellt hat (Stand: Ende 2024). Nicht überraschend ist die Erkenntnis, dass es umso mehr Insektenarten auf den Dächern gibt, je artenreicher die Flora ist. Voraussetzung für die Pflanzenvielfalt sind eine dickere Substratschicht (dicker als bislang häufig gebaut) und die Verwendung heimischer Pflanzen und Samen. Je vielfältiger der Dachlebensraum gestaltet ist, desto mehr Tiere finden sich ein. Habitatelemente wie Totholz, Steine und Sandlinsen, aber auch Schatten werfende Photovoltaik-Module tragen zum Artenreichtum von Flora und Fauna bei.

Dünne Substratschichten mit reiner Sedum-Vegetation haben also aus Klima- und Biodiversitätsgründen ausgedient und sollten auf neu zu bauenden Gebäuden oder renovierten Dächern nicht mehr ausgebracht werden.

Hier wird ein strukturreiches Dach gestaltet – mit einer Vogeltränke und viel Totholz

Naturnah Gärtnernde stehen dazwischen, sie greifen auf die Beobachtungen aus der Natur zurück und bepflanzen Dächer nach dem Vorbild natürlicher Standorte wie Flächen auf Felsen und Trockenrasen. Dazu verwenden sie standortgerechte heimische Pflanzenarten, die sich ohne Pflegeeingriffe auf dem Dach erhalten. So entstehen auf künstlichen Standorten schnell natürlich wirkende, dauerhafte Pflanzengemeinschaften, die auch viele Tiere anlocken. Wird die Dachfläche auch noch reich strukturiert, kann sich dort oben eine kleine Lebensgemeinschaft etablieren. Die hinzugewonnene Grünfläche ist nicht nur hübsch anzusehen, sondern wertet auch die blühende Fläche auf und ersetzt die versiegelte Fläche unter dem Gebäude.

Blühende Dächer können sogar zusammen mit einer Photovoltaik-Anlage (PV) auf dem Dach angelegt werden. Aufgrund des Schattenwurfs der PV-Module können im Mosaik aus Sonne und Schatten noch mehr unterschiedliche Arten wachsen – und aufgrund der geringeren Verdunstung im Schatten zum Teil länger überdauern. Die PV-Module profitieren im Gegenzug von der Abkühlung, die durch das Speicherwasser, das aus Substrat und Pflanzen verdunstet, entsteht: Sie sind dadurch leistungsfähiger.

Beachtet man einige bauliche Voraussetzungen, können sich auf einem begrünten Flachdach mit PV diese beiden wichtigen Bausteine für Klima- und Artenschutz ergänzen.

Gute Gründe für begrünte Dächer

Der Dachraum eines Wohnhauses soll möglichst gut begehbar und geräumig sein sowie als Stau- oder Wohnraum genutzt werden können. Daher haben die meisten Häuser steile Dächer, die sich nur mit speziellen Techniken begrünen lassen. Flachdächer, die wegen ihrer Anfälligkeit für Undichtigkeiten lange Zeit aus der Mode gekommen waren, erleben zwar mit der Wiederentdeckung des Bauhausstils eine Renaissance, werden aber leider nur selten begrünt. Ein Grund dafür ist auch, dass viele Architekten und Architektinnen die Langlebigkeit einer Begrünung und ihre kühlende Wirkung im Sommer unterschätzen. So sind begrünte Dächer von Wohngebäuden hierzulande immer noch eine Seltenheit. Zudem sind Planung und Ausführung auf alle Fälle eine Sache für erfahrene Architekten und darauf spezialisierte Fachbetriebe.

Doch für die meisten Nebengebäude wie Gartenhäuser, Garagen und Carports gibt es keinen Hinderungsgrund, sie selbst zu begrünen. Dort liegt noch viel überbaute Fläche brach, die sich mit wenig Aufwand bepflanzen lässt. Dies kann auch vom Laien ausgeführt werden, da die technischen Anforderungen bei unbewohnten Nebengebäuden viel geringer sind als bei bewohnten Häusern. Mit einer Dachbegrünung können Sie Ihren Garten »vergrößern«, verschönern und leisten nicht zuletzt einen wichtigen Beitrag zum Natur- und Umweltschutz. Zudem schützt die Bepflanzung die Dachabdichtung vor der UV-Strahlung des Sonnenlichts.

Grüne Dächer haben Tradition

Dachbegrünungen sind keine Erfindungen der Neuzeit, sondern sehr alte Methoden der Baukunst. Sowohl in heißen als auch in kalten Klimazonen sind sie noch heute wichtige Bestandteile der traditionellen Architektur. Bewachsene Dächer isolieren gegen Hitze und Kälte, verbessern das Innenklima, gleichen Temperaturschwankungen aus, schützen die Dachhaut und mindern den Lärm auftreffenden Regens.

Kanadische Grassodenhäuser, skandinavische Holzhäuser mit Grasdächern und isländische Torfsodenhäuser sind bekannte Beispiele aus den kalten Klimazonen mit viel Niederschlag. Die Gras- oder Torfsoden halten die Wärme im Haus und legen sich wie ein schützender Mantel ums Dach. Damit das viele Regenwasser abfließen kann, sind diese Dachflächen stark geneigt.

Spontanes Grün schützt die Dachhaut

Traditionelle Dachpfannen aus Tonziegeln haben eine raue Oberfläche und bieten damit Algen, Flechten und Moosen einen guten Halt. Das ist durchaus von Vorteil, denn ihr Bewuchs verhindert das Abplatzen der obersten Tonschicht bei Frost und schützt sie somit.

Flachdächer mit einer Eindeckung aus Teerpappe werden von einer dicken Staub- und Rußschicht und der darauf wachsenden Vegetationsdecke oftmals Jahrzehnte geschützt. In Berlin gibt es Wohnblocks, deren leicht geneigte Holzzementdächer bereits vor 100 Jahren aus Brandschutzgründen mit Kies und Erde abgedeckt wurden. Die Spontanvegetation ist bei einigen bis heute erhalten und die Dächer sind immer noch dicht.

Auf vielen älteren Garagen mit bekiestem Flachdach bilden sich von selbst Pflanzengesellschaften, besonders wenn viel Staub und Laub angeweht werden. Sie schützen die darunterliegenden Bitumenbahnen vor den Folgen der Klimaschwankungen, vor mechanischen Belastungen und UV-Strahlung, gleichzeitig verhindern sie die schädlichen Ausdünstungen.

In südlichen Zonen mit wenigen Niederschlägen dienen Flachdächer zum Sammeln von Regenwasser, das in Zisternen geleitet wird. Eine Begrünung verringert dort zwar die Menge des nutzbaren Regenwassers, hält aber die Wohnräume unterm Flachdach angenehm kühl.

Traditionelle Grasdächer in Nordeuropa sind sehr schwer und benötigen viel Niederschlag

Ein Gewinn für Mensch und Natur

Wer mit offenen Augen durch ältere Siedlungen geht, sieht allerorten Spontanbesiedlungen von Dacheindeckungen. Je nach den vorherrschenden Klimabedingungen auf dem Dach werden Eterniteindeckungen, Tonziegel und sogar Dachpappen von Algen, Flechten und Moosen besiedelt. Deren Polster dienen nach einiger Zeit anderen Pflanzen als Wurzelgrund. Jede Unebenheit hält weitere angewehte Bodenteilchen, Laub und Samen fest, sodass sich die besiedelbare Auflage auf der Dacheindeckung von selbst erhöht. Was den meisten Hausbesitzenden ein Ärgernis ist, freut Naturschützerinnen und Biologen, denn es zeigt, dass sich Pflanzen und Tiere überall ihren Platz zurückerobern, wenn man sie lässt. Moderne Dacheindeckungen machen es der Natur allerdings durch Schmutz abweisende Beschichtungen fast unmöglich, den Standort Dach von selbst zu besiedeln.

Auf Flachdächern können sich spontan dauerhafte und schöne Dachbegrünungen entwickeln, die selbst nach vielen Jahren, entgegen landläufiger Meinungen, keine technischen Probleme bereiten. So wird die Dichtigkeit der Dächer nicht beeinträchtigt, im Gegenteil, der Aufwuchs schützt die Dichtungsbahnen vor UV-Licht und Frostrissen.

Größere Gehölze und manche Kletterpflanzen können aber die Dichtigkeit eines Daches beeinträchtigen oder Ziegel lösen, sodass es besser ist, die Besiedlung der Dachfläche selbst zu initiieren und zu kontrollieren. Zu diesem Zweck sind Dachbegrünungen entwickelt worden, die beiden gerecht werden: dem Menschen, der ein dichtes Dach auf dem Gebäude haben möchte, und den Pflanzen, die eine geeignete Unterlage mit genügend Halt, Nährstoffen und Wasser benötigen. Handelt es sich um heimische Pflanzenarten, finden sich bald auch Tiere ein, um vom Nahrungsangebot zu profitieren.

Wertvolle Magerstandorte

Naturnah begrünte Dächer ähneln weniger den üblichen Beeten in Gärten als vielmehr natürlichen Magerstandorten, wie sie in unseren Breiten immer seltener werden. Diese kommen im Hochgebirge in Form von Geröllhalden vor, in tieferen Lagen als Trockenrasen, in der Ebene als Düne oder Sandrasen. Auch Eingriffe des Menschen ließen magere Standorte entstehen, so in Kiesabbaugebieten, Steinbrüchen oder verschiedene Heidearten. Trockene und nährstoffarme Standorte (Ruderalflächen) entstehen auch heute jeden Tag

Welche Tiere besuchen das blühende Dach?

Viele Tagfalter können Sie auf dem blühenden Dach erwarten, wenn das Nahrungsangebot stimmt. Admiral, Bläulinge, Tagpfauenauge, Kleiner Fuchs, Schachbrettfalter, Dickkopffalter, Kohlweißling und Schwalbenschwanz sind schon auf dem Dach bei der Nektarsuche beobachtet worden.

Auch viele andere Insekten wie Hummeln, Wildbienen und Honigbienen, Schwebfliegen, Libellen oder Heuschrecken suchen dort Nahrung. Im Boden nistende Wildbienen bauen auf dem Dach ihre Nester, wenn Sand-Lehm-Linsen vorhanden sind (siehe auch Seite 119). Selbst Käfer finden Schutz und Nahrung, wenn Sie das Gründach mit Totholz und Substrat aufwerten. So gibt es zum Beispiel aus Hamburg Untersuchungen, wo auf unterschiedlichen begrünten Dächern über 380 Käferarten gefunden wurden (siehe auch Seite 115).

Auch vielen Vögeln, wie dem Rotkehlchen, hat ein blühendes Dach viel zu bieten: Es findet dort Nistmaterial und als Vogelart, die auch am Boden frisst, reichlich Samen.

durch Abtragen des Oberbodens oder Einbringen von Schotter und Splitt an Wegrändern und neben gepflasterten Plätzen.

Im Allgemeinen verschwinden magere Standorte aber immer mehr und mit ihnen die daran angepassten Pflanzen- und Tierarten. Die Gründe dafür sind vor allem der ständige Nährstoffeintrag durch Luft und Regen in Form von Stickoxiden und die Düngung von landwirtschaftlichen Flächen, die intensive Beweidung magerer Wiesen durch Pferde und Rinder, die Verkotung von Wegrändern durch Hunde, aber auch das Verfüllen von Magerstandorten mit Erdaushub.

Magerstandorte sind ökologisch sehr wertvoll, dort finden viele unterschiedliche Tier- und Pflanzenarten ein Zuhause. Die Flächen blühen oftmals wesentlich länger als fette Wiesen und bieten damit Insekten vom Frühjahr bis Spätsommer Nahrung. Wer einmal eine ungedüngte Almwiese mit ihren vielen verschiedenen Gräsern und Blumen mit einer gedüngten Löwenzahnwiese vergleicht, kann den Unterschied leicht erkennen. Je artenreicher ein Biotop an Pflanzen ist, desto mehr Tierarten können dort auch leben. Nährstoffarmut führt daher häufig zu großer Artenvielfalt, ein großes Nährstoffangebot zu Artenarmut.

Mit der naturnahen Dachbegrünung können wir für Pflanzen magerer und trockener Standorte neue Lebensräume schaffen. Viele Insekten wie Wildbienen oder Schmetterlinge werden die blühenden Pflanzen besuchen oder an den Pflanzen fressen, wie Zikaden oder Raupen von Tag- und Nachtfaltern, andere lassen sich auf das Dach verfrachten, so die Schnirkelschnecken. Wem es auf dem Dach gefällt, der bleibt, und so kann sich ein naturnah begrüntes Dach nach einigen Jahren zu einer kleinen Lebensgemeinschaft entwickeln, die den Namen Biotop eher verdient als so mancher Gartenteich.

Prima Klima

Durch die Verdunstung der Blätter sowie die Staubbindung haben begrünte Dächer einen positiven Einfluss auf die Luftqualität der näheren Umgebung. So tragen Dachbegrünungen ganz entscheidend zur Verbesserung des Stadtklimas bei, denn das schlechte Klima unserer Städte ist auch auf die zu wenigen oder zu kleinen Grünflächen zurückzuführen. Die großen Blattoberflächen der Pflanzen binden eine Menge Staub aus der Umgebungsluft. Mit dem nächsten Regen wird dieser dann abgespült und dient der Dachvegetation

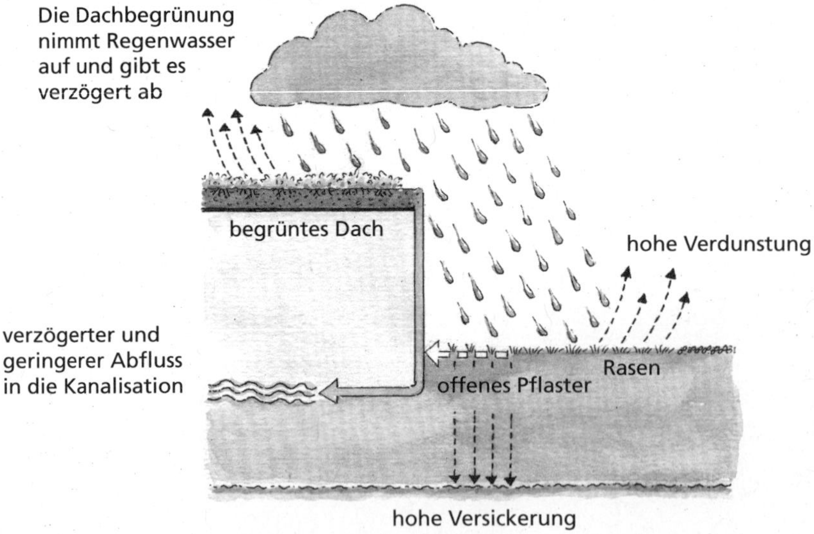

Begrünte Dächer gleichen versiegelte Flächen aus.
Niederschläge werden verzögert abgegeben, die Kanalisation wird entlastet.

als Nahrung. Zudem verhindern Gründächer im Sommer auch auf andere Weise, dass viel Staub in der Luft herumwirbelt: Über nackten Dächern, deren Oberflächen sich stark aufheizen, entstehen Thermiken, die den Staub tagsüber in die Luft wirbeln und dort halten. Grüne Dächer sind dagegen kühler und lassen keine Thermiken entstehen. So ist die Luft über einem begrünten Dach im Sommer kühler, feuchter und staubärmer. Auch das Mikroklima enger Höfe verändert sich zum Wohle der Hausbewohner, wenn Dächer und auch Fassaden begrünt werden.

Begrünte Dachflächen mindern und verzögern zudem den Regenabfluss, ein ganz wichtiger Effekt, denkt man an die Überlastung der Kanalsysteme nach großen Niederschlägen und die Überschwemmungsgefahren an Fließgewässern. Bei begrünten Dachflächen wird der Wasserabfluss erheblich verzögert, da die Dachsubstrate ein hohes Wasserspeicher- und Wasserhaltevermögen haben. Nur bei heftigem und lang anhaltendem Regen gelangt das Wasser in die Entwässerungssysteme. Ein Großteil des Niederschlagwassers, etwa 70 Prozent, wird vom Substrat, je nach Substratstärke, und von den Pflanzen aufgenommen, verzögert freigegeben oder durch Verdunstung wieder abgegeben.

Mensch und Natur haben aber noch mehr Vorteile davon: Pflanzen sind nicht nur Luftbefeuchter, Temperaturregulatoren, Sauerstoffproduzenten, Staubfänger, Schalldämmer und Nahrung für Tiere, sie werten ein Dach auch optisch auf. Gerade Nebengebäude wie Carports oder Gartenhäuser können zu echten Schmuckstücken werden.

Unser Tipp

Auf Wohn- und Nebengebäuden sind extensive und naturnahe Begrünungen von Dächern in der Regel genehmigungsfrei. Die naturnahe Begrünung können Sie als Ausgleichmaßnahme für ein Bauvorhaben einsetzen und außerdem Ihre Abwassergebühren damit mindern. Denn wer etwas für die Umwelt tut, wird von vielen Kommunen unterstützt und oft auch finanziell belohnt. In Deutschland werden in den meisten Kommunen die Abwassergebühren gesplittet und je nach Versiegelungsgrad berechnet (mehr dazu auf Seite 23).

Klären Sie vorab auch, ob es Fördermittel von Kommune, Kreis oder Land für Photovoltaik und eine Begrünung von Dach oder Fassade gibt und an welche Kriterien diese gebunden sind.

Gute Gründe für Photovoltaik

Neue Wärmeverordnungen zur CO_2-Einsparung beim Heizen von Wohngebäuden sowie die Bevorzugung von Wind und Sonne zur Stromerzeugung machen Photovoltaik-Anlagen auch im privaten Bereich immer attraktiver. Zusammen mit Wärmedämmung und smarter Steuerung des Stromverbrauchs rechnet sich eine PV-Anlage auch bei wenig Dachfläche. Nutzt man auch die Dachflächen von Nebengebäuden wie Garage, Carport oder Gartenhaus, kommen oft genügend Quadratmeter für eine passende PV-Anlage zusammen.

Sie kann jedoch nicht den gesamten Bedarf an Strom und Wärme rund ums Jahr abdecken. Als Speicher an trüben Tagen bieten sich große Wasserspeicher an, die die Heizung unterstützen. Batterien und sogar das eigene Elektroauto können als Stromspeicher fungieren. Eine PV-Anlage muss allerdings immer ins Gesamtpaket von Strom- und Wärmebedarf passen und sollte durch einen Energieberater geplant werden, der auch für die Beantragung der staalichen oder kommunalen Fördermittel wichtig ist.

Ist der Bedarf an Strom ermittelt, hängt die Montage der PV-Module von der zur Verfügung stehenden Dachfläche, deren Himmelsrichtung und Neigung ab. Während man zu Anfangszeiten der Photovoltaik nur nach Süden geneigte Flächen berücksichtigt hat, werden inzwischen wesentlich leistungsstärkere Module auch für Ost- und West-Richtung angeboten. Außerdem kann man sie senkrecht aufstellen oder sogar an der Fassade von Gebäuden montieren. Nutzt man alle Himmelsrichtungen aus, ist ein Stromertrag bereits am Morgen und bis zum späten Nachmittag möglich.

Die Montage der Ständersysteme für Solarmodule kann vom technisch versierten Laien auch in Eigenleistung erfolgen. Allerdings sind für die Gebäudeversicherung einige Voraussetzungen zu erfüllen.

Unser Tipp

Auf steilen Dächern sollten Sie die Montage Dachdeckern überlassen. Da Sie für die Anschlüsse und die Anpassung an die Hauselektrik einen Fachmann benötigen, sind Planung und Bauleitung durch die Solarfirma unerlässlich. Ob sich diese auch mit Solar-Grün-Dächern auskennt, sollten Sie erfragen, und die Montage genau mit der geplanten Begrünung abstimmen.

Blühende Dächer haben viele Vorteile

- ***Optik:*** *Blühende Dächer sehen einfach schöner aus als blanker Kies oder graue Pappe. Sie verändern ihr Aussehen im Jahreslauf und erlauben neue Einblicke in Flora und Fauna.*
- ***Lebensraum für Pflanzen:*** *Magere und trockene Standorte sind selten geworden. Viele Wildpflanzen finden dort neue Lebensräume.*
- ***Nahrung für Insekten:*** *Heimische Vegetation bietet Nektar und Pollen für Blütenbesucher sowie Blätter, Stängel oder Samen für viele andere Tiere.*
- ***Schutz der Dachhaut:*** *Dachbegrünung schützt vor UV-Licht, das die Dachhaut spröde macht, und vor großen Temperaturschwankungen im Sommer und Winter, die zu Spannungsrissen führen.*
- ***Brandschutz:*** *Das Dachsubstrat kann im Gegensatz zu Bitumenbahnen (Dachpappen) nicht brennen.*
- ***Wärmedämmung:*** *Gebäude haben 15 bis 20 Prozent geringere Wärmeverluste (bei 10 bis 15 Zentimeter Substratdicke und mit Vegetation).*
- ***Hitzeschutz:*** *Ein Teil der Sonneneinstrahlung wird abgehalten, zusätzlich wird die Luft durch die Verdunstung über die Pflanzenoberflächen abgekühlt. Die Gebäude heizen sich im Sommer weniger auf.*
- ***Überhitzungsschutz:*** *Solarmodule können sich bei starker Sonneneinstrahlung und hoher Leistung stark erhitzen, was zu Leistungseinbußen führt. Eine Pflanzendecke darunter ist aber deutlich kühler (bis zu 10 Grad Celsius) als eine nackte Dachhaut und steigert so die Ausbeute bei der Stromerzeugung.*
- ***Wasserrückhaltefähigkeit:*** *Gründächer können bis zu 90 Liter Niederschlag pro Quadratmeter (bei 20 Zentimeter Substrat) zurückhalten. Bei Substrathöhen von mindestens 10 Zentimetern fließen nur 30 Prozent der Niederschläge direkt in die Entwässerungssysteme. Die Kanalisation, Vorfluter und Fließgewässer werden deutlich entlastet.*
- ***Staubminderung:*** *Die Thermik über nackten Dächern wirbelt viel Staub auf, begrünte Dächer verhindern das. Vegetation mit viel Blattoberfläche bindet Staub, Pollen und Schadstoffe aus der Luft.*
- ***Klimaverbesserung:*** *Staubbindung und kühlende Wirkung sorgen für ein besseres Kleinklima in der näheren Umgebung.*
- ***Schallschutz:*** *Bei 12 Zentimeter Substrat wird Schall um bis zu 40 Dezibel (dB), bei 20 Zentimeter Substrat um bis zu 46 dB gemindert.*

Das Dach – ein extremer Standort

Ein begrüntes Dach bringt viel Vorteile, wenn der Aufbau und die Pflanzenwahl zum Standort passen. Schauen wir uns unterschiedliche Dächer genauer an, erkennen wir leicht, dass sie auch ganz unterschiedliche Voraussetzungen für eine Bepflanzung bieten.

Das Klima in Ihrer Wohngegend und die mikroklimatischen Besonderheiten in Ihrem Garten kennen Sie wahrscheinlich recht gut. Doch auf dem Dach herrschen ganz andere Bedingungen als in den Gartenbeeten. Neben den Klimafaktoren wie Sonneneinstrahlung, Windverhältnisse und Niederschlag gilt es auch noch die Beschattung durch andere Gebäude oder Bäume und die Dachneigung zu bedenken.

Im Folgenden sollen zunächst die wichtigsten Standortfaktoren erklärt werden, die unsere Substratwahl und Pflanzenzusammensetzung bestimmen.

Wer das Gebäude erst noch bauen möchte, hat mit diesen Grundlagen das Wissen zur Hand, um den optimalen Standort für ein begrüntes Dach vorzubereiten. So lassen sich Probleme bei der Dachbegrünung von vornherein vermeiden.

Steht die Garage oder das Gartenhaus schon, erfahren Sie auf den nächsten Seiten, worauf es bei der Auswahl der Bepflanzung ankommt und wo mögliche Schwachstellen liegen könnten.

Auch bereits bestehende flache Solardächer können durch Begrünung aufgewertet werden, wenn man die PV-Module aufständert. Das Dachsubstrat kann, je nach Dicke, als Auflast für die Ständer dienen und die Vegetation kühlt die Module bei Hitze. Der Schattenwurf und teilweise Regenschatten der Module ermöglicht sogar eine vielfältigere Vegetation als eine gleichmäßig besonnte Fläche. Zusätzlich kann man Stein- oder Totholzhaufen unter den PV-Modulen aufschichten, was bei vielen Insekten Anklang findet. Dort ist es trockener, wärmer und windgeschützter als in der Umgebung. Einige Vogelarten brüten sogar unter PV-Modulen, denn diese bieten ihnen Schutz vor Greifvögeln und Nesträubern wie Krähen oder Möwen.

Sonne, Hitze, Trockenheit

In welche Himmelsrichtung ein Dach zeigt und wie sehr es daher von der Sonne beschienen wird, lässt sich mit dem Kompass oder Grundstücksplan leicht ermitteln. Auch den Schattenwurf anderer Gebäude und umstehender Bäume sollten Sie berücksichtigen.

Im Zweifel hilft es, etwas Zeit zu investieren und sich die Beschattung der Fläche von April bis Oktober anzuschauen und eine Skizze der verschatteten Dachteile zu machen. Wenn Sie dann noch die Dauer der Sonnenbestrahlung notieren, bekommen Sie eine objektive Grundlage für die spätere Pflanzenwahl: Wird das Dach von April bis September mindestens sechs Stunden am Tag von der Sonne beschienen, liegt es in der Sonne. Halbschatten gilt bei zwei bis drei Sonnenstunden am Tag. Sind es weniger als zwei Stunden, liegt die Dachfläche im Schatten.

Auch die Dachneigung wirkt sich deutlich auf die Sonneneinstrahlung aus: Der maximale Einstrahlungswinkel der Sonne im Sommer entspricht in unseren Breiten etwa 60 Grad auf einer waagerechten Fläche. Bei 20 Grad Dachneigung ergibt sich dann von Süden ein Einstrahlungswinkel von 80 Grad, bei einem 30 Grad geneigten Dach von 90 Grad, was bereits den Strahlungsverhältnissen am Äquator entspricht.

Bei Dachneigungen über 30 Grad wird der Sonneneinstrahlungswinkel im Sommer wieder kleiner, im Winter, wenn die Sonne niedriger steht, aber relativ größer. Steile Dächer sind damit ungewöhnlich hohen Temperaturbelastungen ausgesetzt, wie sie sonst nur an Hängen und Felswänden vorkommen.

Für die Pflanzen ist jedoch auch die mittlere Sonnenscheindauer wichtig, die sich aus der Himmelsrichtung ergibt, sodass ein steiles, nach Norden zeigendes Dach weniger Strahlungsintensität erfährt als ein geneigtes, nach Süden ausgerichtetes Dach.

Da steile Dächer in der Praxis aber fast ausschließlich mit Sedum-Arten oder einjährigen Arten wie Kelch-Steinkraut begrünt werden, ist es vor allem wichtig, dass solche Flächen möglichst schnell zuwachsen.

Unser Tipp

Nackte Dächer und andere nicht begrünte Gebäudeteile sind durch die unterschiedlich starke Sonneneinstrahlung extrem belastet. So können Spannungsrisse an Gartenhäusern oder Garagen entstehen, weil die eine Gebäudehälfte der Sonne ausgesetzt ist und sich stark aufheizt, während die andere im kühlen Schatten liegt. Eine Begrünung von Dach und Fassade mindert die Temperaturdifferenzen erheblich und schützt so das Gebäude.

Wind und Kälte

Ein weiterer oft unterschätzter Standortfaktor ist der Wind. Mit zunehmender Höhe über dem Boden ist die Vegetation stärkeren Winden ausgesetzt. Diese erhöhen zum einen die Verdunstung über Blätter und Boden, zum anderen müssen sich die Pflanzen besser verankern. Inmitten einer Bebauung kommen zum üblichen Wind noch Böen und Verwirbelungen hinzu, die durch verengte Windgassen und andere Strömungsbedingungen verursacht werden können. Somit brauchen Pflanzen »in luftigen Höhen« deutlich mehr Wasser und genügsame Pflanzenarten sind klar im Vorteil.

Ganz anders als bei Beeten, in denen die Erde von tieferen Bodenschichten und einem aktiven Bodenleben erwärmt wird, kühlt das Substrat eines Gründachs im Herbst rasch aus. Denn ein begrüntes Dach gleicht eher einer sehr flachen Kübelbepflanzung, in der das Pflanzsubstrat im Herbst von unten stark auskühlt und im Winter vollständig durchfriert. Diese Bedingungen vertragen nur wenige Pflanzenarten. Scheint dann bei Frost auch noch die Sonne, ist das ein erhöhter Trockenstress für die Dachpflanzen. Denn im Gegensatz zu einem bepflanzten Kübel kann man das Gründach weder von unten noch von oben vor Frost schützen.

Bei richtiger Pflanzenwahl kann jedoch auch größte Kälte den Pflanzen nicht schaden. In unseren Breiten leiden sie eher unter dem ständigen Wechsel von feuchtem, mildem und kaltem Wetter, das die Wurzeln faulen lässt, wenn ein schlecht gewähltes Substrat im Winter zu nass bleibt.

Regen und Schnee

Wie viel Wasser auf dem Dach ankommt, ist nicht nur eine Frage der Niederschlagsmenge in Ihrer Gegend. Es hängt auch von der Dachneigung ab sowie von der Exposition und den vorherrschenden Winden, die den Regen bringen. So bekommt eine steile, nach Westen orientierte Dachhälfte in unseren Breiten wesentlich mehr Regen ab als die andere, nach Osten zeigende Seite.

Für die Pflanzen ist letztlich entscheidend, wie viel Wasser an ihren Wurzeln ankommt und wie lange es dort zum Aufsaugen zur Verfügung steht. Allgemein gilt: Je steiler das Dach, desto weniger Wasser können die Pflanzen nutzen. Eine Orientierung bietet der Abflussbeiwert: Bei einem nicht begrünten, hart gedeckten Dach ist der Abflussbeiwert 1,0 – man geht davon aus, dass 100 Prozent des anfallenden Regens direkt in die Kanalisation abfließen.

Wie wird der Abflussbeiwert bestimmt?

Jedes Dach ist eine Entwässerungsfläche, auf die Niederschläge auftreffen, die wieder abgeführt werden müssen. Dieses Wasser gelangt in den öffentlichen Kanal (und kostet Abwassergebühr), wenn es nicht im Erdreich versickert oder in einen Teich oder eine Zisterne geleitet und im Garten verwendet wird.

Versiegelte und überbaute Flächen auf Privatgrundstücken werden zur Berechnung der Abwassergebühren mit dem Abflussbeiwert multipliziert. Dabei wird unterschieden, wie viel und wie schnell Niederschlag tatsächlich in die öffentliche Kanalisation abfließt.

Bei nackten Dächern sind Neigung und Rauigkeit der Dachoberfläche zwei Faktoren zur Berechnung des Abflussbeiwertes. Bei begrünten Dächern treten die Dicke und Wasserspeicherfähigkeit des Substrates an die Stelle Rauigkeitsfaktors.

Tatsächliche Abflussbeiwerte zur Ermittlung des Regenwasserabflusses von einem flachen Dach:

- *hart gedecktes Dach: 1,0*
- *Kiesschüttung: 0,8*
- *Extensivbegrünung, Substrathöhe bis 5 Zentimeter: 0,7*
- *Extensivbegrünung, Substrathöhe bis 10 Zentimeter: 0,5*
- *Extensivbegrünung, Substrathöhe über 10 Zentimeter: 0,4*
- *Intensivbegrünung, Substrathöhe ab 30 Zentimeter: 0,2*

Zur Ermittlung der Abwasserabgabe fragen Sie beim Bauamt Ihrer Kommune nach, die Richtwerte können unterschiedlich ausfallen!

Vereinfacht (im Vergleich zu den Angaben im Textkasten oben) werden von den Kommunen **flache** und **flach geneigte begrünte** Dächer meist mit dem Faktor 0,3 angesetzt, sofern die Substrathöhe mindestens 10 Zentimeter beträgt. Dort fließen demnach nur 30 Prozent des anfallenden Regens direkt in die Regenrinne, 70 Prozent der Niederschläge werden vom Substrat und von der Vegetation zurückgehalten und über die Pflanzen verdunstet oder zeitverzögert abgegeben.

Der Abflussbeiwert für **steile begrünte Dächer** wird meist mit 0,5 angesetzt, das heißt, die Hälfte des Regenwassers verbleibt auf dem Dach und wird von Substrat und Pflanzen gespeichert.

Ein weiterer wichtiger Standortfaktor ist der Schnee im Winter. Er hat eine wärmedämmende Wirkung auf die Pflanzen, ähnlich der eines dicken Vlieses. Kalte Winde streichen darüber, bei Sonnenschein wird die Verdunstung aus Blättern und Substrat begrenzt und bei Frösten in der Nacht die Wärmeabstrahlung vermindert.

Steht ein Gebäude in einer schneereichen Gegend, ist dies daher kein Grund, auf eine Dachbegrünung zu verzichten. Doch muss bei der Berechnung der Dachlasten (siehe ab Seite 45) die Schneelast mitberücksichtigt werden, zumal hier der Schnee nicht so ohne Weiteres abrutscht und man ein begrüntes Dach im Notfall nicht von Hand räumen kann, ohne dabei die Vegetation zu beschädigen.

Begrünung und Solarpaneele

Photovoltaik-Anlagen auf dem begrünten Dach verändern die Sonneneinstrahlung und die Regenmenge, die auf die Pflanzen trifft. Je nach Höhe der Aufständerung, dem Aufstellwinkel, der Größe und Ausrichtung der Module kommen Licht und Regen von der Seite an die Pflanzen.

Weil das Substrat Wasser gut weiterleitet, kommt auch im Regenschatten genug an den Pflanzenwurzeln an. Je höher die Aufständerung, desto günstiger sind die Lichtverhältnisse für die Pflanzen. Am günstigsten für die Vegetation und deren Pflege sind senkrechte PV-Module mit Reihenabständen von 60 und mehr Zentimetern. Da auf ihnen im Winter kein Schnee liegen bleibt, ist ihre Lichtausbeute übers Jahr gerechnet in schneereichen Gegenden kaum geringer als bei liegenden Modulen.

Durch die aufgeständerten Module kann eine Dachbegrünung sehr vielfältig werden. Denn die unterschiedlichen Lichtverhältnisse schaffen kleinräumig verschiedene Bedingungen für Pflanzen und Tiere. Schatten und Regenschatten bieten zudem vielen Tieren Schutz. So können technische Anlagen wie PV-Module durchaus zur Artenvielfalt beitragen.

Die verschiedenen Arten der Begrünung

Die meisten Gartenbesitzer wissen, wie man einen Boden umgräbt, eine Staude pflanzt oder den Rasen mäht. Doch auf dem Dach ist manches anders als am Boden. Bevor Sie sich an die Begrünung wagen, müssen Sie wissen, welche Art der Begrünung Sie gerne möchten und welche aufgrund der technischen Voraussetzungen gewählt werden kann.

Wie im Garten können die Pflanzen auf dem Dach eingesät, als Sprossenstücke ausgestreut oder mit Wurzelballen gepflanzt werden. Welche Methode Sie wählen, ist von verschiedenen Faktoren abhängig: dem Substrat und seiner Dicke, der Möglichkeit, das Dach sicher zu betreten, den Kosten und nicht zuletzt der Fähigkeit verschiedener Pflanzenarten, sich auf diese oder jene Weise am besten auf dem Dach zu etablieren. Der ökologische Wert und die Dauerhaftigkeit der Begrünung hängen neben der technischen Ausführung und dem Substrat auch von der richtigen Pflanzenauswahl ab. Unsere Beispiele ab Seite 101 und die Tabellen ab Seite 137 helfen Ihnen dabei. Denken Sie daran: Je artenreicher, desto mehr Leben gibt es auf Ihrem Dach!

Unser Tipp

Die größte Einschränkung für die freie Pflanzenwahl ist meist die zulässige Dachlast beziehungsweise das Gewicht, das ein Dach zu tragen imstande ist (siehe ab Seite 45). Falls das zu begrünende Gebäude schon vorhanden ist, sollten Sie zunächst die zulässige Dachlast ermitteln. Wollen Sie das Gebäude erst noch bauen, können Sie sich für eine bestimmte Begrünungsform entscheiden und die Statik dann an deren Dachlasten anpassen.

Können Sie das Dach sicher betreten, stehen Ihnen alle Möglichkeiten offen. Können Sie es von der Leiter oder vom Gerüst aus mit den Händen erreichen, ist die Begrünung ebenfalls noch gut auszuführen. Kann man ein Dach nicht betreten oder von einer Leiter, einem Gerüst aus nicht erreichen, ist es für eine Begrünung nicht geeignet, da man auch die nötige Pflege nicht ausführen kann. In diesem Fall hilft nur eine stabilere Neukonstruktion, die entsprechende Lasten tragen kann, um eine Dachbegrünung zu verwirklichen.

Da wir auf dem Dach einen Lebensraum schaffen wollen, ist für uns der Aspekt der Naturnähe am wichtigsten: Welche Pflanzengesellschaft lässt sich mit welcher Methode am besten nachahmen?

Wie die Bepflanzung natürlicher Magerstandorte sein kann, zeigt uns die Besiedlung von Felsen, der ein Dach am ehesten gleicht. Raue Dachpappen,

Faserzementplatten und Tonziegel werden spontan zuerst von Algen, dann von Flechten und Moosen besiedelt. Deren Polster dienen einige Zeit später anderen Pflanzen als Wurzelgrund. Auf flachen Kiesdächern können sich dauerhafte Pflanzengesellschaften etablieren, die selbst Gehölze wie Birken einschließen. Doch auch Tiere, wie Vögel, tragen zur Verbreitung von Samen auf Dächer bei und düngen die Pflanzen mit ihren Ausscheidungen. Auch der Stickstoffeintrag aus der Luft durch Abgase und Düngerverfrachtung darf nicht unterschätzt werden. Die durchschnittliche Menge von 1,5 Gramm pro Quadratmeter und Jahr reicht in der Regel völlig für die Nährstoffversorgung einer extensiven Dachbegrünung aus.

Ist das Dach steiler, haben nur die Pionierpflanzen Algen, Flechten und Moose eine Chance, da sie am besten mit den schwierigen klimatischen Verhältnissen zurechtkommen. Sie bilden dort stabile Gemeinschaften, in denen sich auch mikroskopisch kleine Tierchen (wie Bärtierchen) tummeln, die, ebenso wie die Pflanzen, lange Trockenperioden überstehen können.

Weil wir das Dach nach eigenen Vorstellungen bepflanzen und nicht jahrelang auf eine natürliche Besiedlung warten wollen, müssen wir Voraussetzungen schaffen, die eine dauerhafte Besiedlung mit Pflanzen ermöglichen.

Begrünungsformen im Überblick

Begrünungsform	Vorteile	Nachteile	geeignete Pflanzengesellschaften
Spontanbegrünung zulassen	kostenlos, macht anfangs keine Arbeit	schwer kontrollierbar, dauert Jahrzehnte	Moose, Gräser, Gras-Kraut-Vegetationen
(Dach-)Moose	für schattige Stellen und nicht belastbare Dächer gut geeignet, preiswert	kann durch Vertrocknen unansehnlich werden	Moose
Sprossen streuen	relativ preiswert	artenarme Vegetation	nur Sedum-Arten
Samenmischung aussäen	preiswert, einfach auszuführen	Ergebnis zufällig, Keimung dauert sehr lange	Gras-Kraut-Vegetation
Pflanzen mit Topfballen setzen	kann genau geplant und dekorativ gestaltet werden, schnellste Begrünungsform	etwas teurer, Pflanzarbeit etwas mühsamer	artenreiche Pflanzengesellschaften mit Gräsern, Stauden, Blumenzwiebeln und niedrigen Ginsterarten
Pflanzen mit Topfballen setzen und zusätzlich Samenmischung aussäen	bei extremer Trockenheit kann sich die Begrünung aus den Samen regenrieren, wenn es wieder regnet	muss gut abgestimmt werden, sonstige Nachteile vergleichbar dem Streuen von Samenmischungen und dem Pflanzen mit Topfballen	artenreiche Pflanzengesellschaften mit Gräsern, Stauden, Blumenzwiebeln, Ginsterarten, dazu Einsaat von Ein- und Zweijährigen

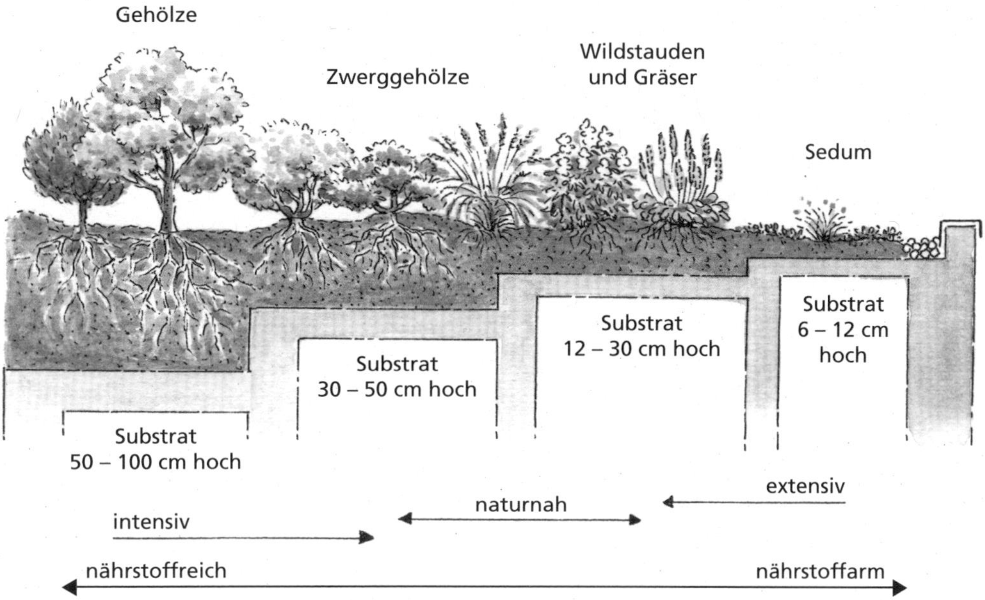

Die Höhe und die Zusammensetzung der Substratschicht sind entscheidend für die Pflanzenvielfalt und erfordern unterschiedliche Lastreserven des Daches

Extensive Dachbegrünung

Bei einer extensiven Dachbegrünung müssen die Pflanzen mit einer sehr geringen Substratauflage auskommen (etwa 8 bis 15 Zentimeter). Dort siedeln nur ganz wenige Pflanzenarten, die auch in der Natur nur an Extremstandorten vorkommen. In der Hauptsache sind dies Arten der Gattungen *Sedum* (Fetthenne, Mauerpfeffer) und *Sempervivum* (Hauswurz). Auch Trauben-Steinbrech *(Saxifraga paniculata),* Zwerg-Schwertlilie *(Iris pumila),* Reichenbachs Schwertlilie *(Iris reichenbachii)* sowie eine Einsaat mit Einjährigen wie Kelch-Steinkraut *(Alyssum alyssoides)* und Quendel-Sandkraut *(Arenaria serpyllifolia)* können dort noch gedeihen.

Diese artenarme Begrünungsform auf Spezialsubstrat (extensives Dachsubstrat) ist sehr pflegeleicht. So reicht bei Flachdächern meist ein Kontrollgang im Jahr, um unerwünschte Pflanzen wie Birkensämlinge zu entfernen. Gewässert wird nur in den ersten Wochen direkt nach der Bepflanzung und gegebenenfalls in extrem langen trockenen Perioden.

Extensive Begrünungsformen sind leicht(er) herzustellen, wenn man die technischen Voraussetzungen schafft und, ganz wichtig, das ökologische Verständnis für die Bedürfnisse der Pflanzen auf dem Extremstandort Dach mitbringt. Dort wachsen die Pflanzen auf wenig Substrat, ihre Wasserversorgung ist deshalb stark eingeschränkt. Pflanzen trockener Standorte haben in der Regel auch nur wenige Nährstoffe zur Verfügung. Der Vorteil einer Begrünung mit Pflanzen trockener und magerer Standorte besteht darin, dass diese nur wenig Wasser brauchen, wenig wachsen und deshalb auch nicht geschnitten werden müssen. Der Begriff »extensiv« steht also hier als Gegensatz zu »intensiv« und meint sowohl Aufbaustärke und Nährstoffgehalt des Substrates als auch Wasserbedarf und den Pflegeaufwand der Begrünung.

▷ Als Lebensraum eingeschränkt empfehlenswert

Leider ist eine Extensivbegrünung als ökologischer Ausgleich häufig nicht mehr als ein Feigenblatt, denn die eintönigen »Sedum-Wüsten« nützen der Tierwelt nicht viel. Nach einer kurzen spektakulären Blüte mit Nektarangebot im Mai und Juni bieten die grünen Teppiche meist für den Rest des Jahres weder Nahrung noch Unterschlupf für Tiere – außer man verlägert die Blütezeit durch passende Einsaat (siehe auch Tabelle auf Seite 137).

Lässt es die Dachlast zu, zum Beispiel über den Wänden des Gebäudes, kann man dort das Substrat etwas höher aufschütten (siehe auch Seite 124) und mit höher wachsenden blühenden Arten bepflanzen. Auch Strukturen können den ökologischen Wert einer extensiven Begrünung steigern: Kleine Steinhaufen bieten ein verändertes Mikroklima, gerollte Schilfmatten in Tonröhren Nistplätze für Wildbienen, Totholz bietet Platz für Käfer und eine flache Schale mit Wasser kann als Tränke für Insekten und Vögel dienen.

Intensive Dachbegrünung

Intensiv wird eine Dachbegrünung genannt, wenn die Substratschicht relativ dick (mindestens 25 Zentimeter) und nährstoffreich ist. Dort können Pflanzen, die viel Wasser, Dünger und regelmäßig fachgerechte Pflege benötigen, gedeihen. Für die anspruchsvollen Pflanzen der Intensivbegrünungen werden unter dem Substrat meist spezielle Aufbausysteme mit Spezialfolien, Matten, Wasserspeicher- und Bewässerungssystemen eingebaut, die den Quadratmeterpreis der Dachbegrünung beträchtlich in die Höhe treiben. Regelmäßige Nährstoffgaben und die Pflege der Pflanzen wie Rückschnitt, Jäten und Mähen erfordern einen hohen Zeitaufwand, weshalb man hier auch eher von Dachgärten spricht.

Gräser auf dem Dach

Nordische Grasdächer, deren Pflege dort relativ einfach ist, also keinen oder nur wenig Aufwand erfordert, zählen hierzulande zu den Intensivbegrünungen. Die Substratschichten sind über 30 Zentimeter dick, aus Erde und sehr nährstoffhaltig. Wollte man sie in unseren Breiten, wo etwa nur halb so viel Niederschlag im Jahr anfällt, zum Vorbild nehmen, wäre zusätzlich eine intensive Bewässerung oder aufwendige Wasserspeicherung erforderlich. Die Grasdächer müssen außerdem regelmäßig gemäht oder (wie in Norwegen) von Tieren abgeweidet werden.

Was in unseren Breiten meist fälschlicherweise als »Grasdach« bezeichnet wird, sind naturnahe Begrünungsformen mit ausgewählten trockenresistenten Gräsern auf dünner Substratauflage, die kaum Pflege erfordern. Sie haben nichts mit den norwegischen oder isländischen Grasdächern gemeinsam und können auch nicht mit Rollrasen oder üblichem Rasensaatgut hergestellt werden.

Unsere Pflanzenlisten ab Seite 137 und einige Begrünungsbeispiele in diesem Buch nennen auch Gräser, die sich für eine Dachbegrünung eignen. Daran können Sie sich orientieren, wenn Sie mit Gräsern begrünen möchten.

Allerdings sind reine Grasdächer leider wenig wertvoll für die Biodiversität oder als Lebensraum für Insekten und wirken für unsere Augen mitunter auch etwas eintönig im Jahresverlauf.

Wenn eine solche Dachbegrünung mit vielen heimischen Arten gepflanzt wird, ist sie naturnah, besonders wenn sich die Pflege auf wenige Eingriffe beschränkt. Für die Unterhaltung werden allerdings eine Bewässerung und Dünger benötigt. Unter dem Substrat muss viel Kunststoff für ein Wasserspeichersystem verbaut werden. Intensivbegrünungen sind außerdem so schwer, dass die wenigsten Dächer von Nebengebäuden für diese Lasten sowie das regelmäßige Begehen zur Pflege geeignet sind.

Naturnahe Dachbegrünung

Bei naturnahen Dachbegrünungen können Sie auf technische Hilfsmittel und zusätzliche Wassergaben weitgehend verzichten. Sie sind extensiv in der Pflege, bieten aber einer großen Vielzahl heimischer Pflanzenarten geeignete Standorte.

Die Substratschicht, auf der die Pflanzen wurzeln, ist dicker: mindestens 12, besser sogar 15 bis 25 Zentimeter, und durch Modulation in den Ecken und über tragenden Mauern kann sie auf 30 bis 40 Zentimeter hochgezogen werden, ohne dass die Statik darunter leidet. Die Substratzusammensetzung und die gesamte Dachfläche werden vielfältiger gestaltet als bei der Extensivbegrünung. Tierquartiere werten den Lebensraum Dach zusätzlich auf.

Als Vorbilder dienen artenreiche Pflanzengesellschaften aus der Natur. Naturnahe Dachbegrünungen bieten selten gewordenen Pflanzenarten neuen Lebensraum und den an sie angepassten Insektenarten reichlich Nahrung.

In der Fachliteratur wird die naturnahe Begrünung auch »einfache Intensivbegrünung« genannt, ein irreführender Name, denn die richtige Substrat- und Pflanzenzusammenstellung ist keinesfalls einfach und die Pflege nicht intensiv!

Die Bepflanzungsbeispiele in diesem Buch sind fast ausschließlich naturnah auf speziellem Substrat. Nur dort, wo das Dach sehr steil ist oder die Substratschicht sehr dünn sein muss, wird eine Extensivbegrünung beschrieben.

Bevor wir uns für eine der Begrünungsformen entscheiden, müssen wir aber auch genau wissen, was auf dem Dach technisch möglich ist (siehe ab Seite 44). Trägt das Dach auch größere Lasten, sind wir bei der Höhe der Substratschicht flexibler, hält es weniger aus, müssen wir sehr genau planen.

Naturnahe Dachbegrünung und Photovoltaik-Module

Insbesondere Dächer mit aufgeständerten PV-Modulen eignen sich hervorragend für eine naturnahe Begrünung, denn dort ergeben sich durch die Beschattung am Boden sehr unterschiedliche Mikroklimata, die wiederum eine sehr unterschiedliche Vegetation entstehen lassen. Auch Tierquartiere wie Sand-, Stein- und Totholzhaufen, Wildbienenhotels und sogar Bereiche für bodenbrütende Vögel sind unter den Modulen einfach zu verwirklichen. Sand- und Steinhaufen für wärmeliebende Arten können dabei als Auflast für die Ständerkonstruktion dienen.

Das Aufschütten des Substrates, die Einsaat und Sprossensaat können vor der Montage der Module erfolgen. Das Pflanzen von Stauden sollte man erst nach abgeschlossener Montage einplanen, damit die Pflanzen nicht zertreten werden (siehe auch ab Seite 71 und ab Seite 81).

Geeignete Dachsubstrate

Dachpflanzen benötigen den künstlichen Boden (das Substrat) nicht nur als Wasser- und Nährstofflieferant, sondern auch, um sich daran festzuhalten. Bei steilen Dächern müssen die Pflanzen zudem mit ihren Wurzeln den Boden stabilisieren, damit er ihnen nicht wegrutscht.

Vom Garten wissen Sie, dass die Zusammensetzung des Bodens einen erheblichen Einfluss auf das Pflanzenwachstum hat. Manchmal nehmen wir ihn so hin, wie er ist, an anderen Stellen bearbeiten wir ihn, lockern, geben mineralische Zuschlagsstoffe oder Kompost hinzu, mulchen und wässern.

Auf einem Dach kann man auch warten, dass sich ein Boden bildet, und schauen, was von selbst wächst. Doch das kann lange dauern, sodass wir lieber nachhelfen und den gewünschten Pflanzen den passenden Boden bereiten.

Eine dauerhafte Besiedlung gelingt am besten mit Pflanzen, die an eine knappe Nährstoffversorgung angepasst sind. Über viele Jahre muss die Bepflanzung auf dem Dach mit dem gleichen mageren Boden auskommen. Das halten nur Spezialisten magerer Standorte aus. Doch keine Sorge: Halten Sie sich an unsere Empfehlungen in diesem Buch und an die Pflanzenlisten ab Seite 137 – und es wird gut werden.

Insgesamt werden an ein Dachsubstrat eine Menge Anforderungen gestellt, die auf 8 bis 50 Zentimeter Höhe erfüllt sein wollen. Normaler Gartenboden ist daher für alle, selbst für intensive Formen der Dachbegrünungen, denkbar ungeeignet. Man muss immer auf Spezialmischungen zurückgreifen, deren Funktionalität lange erprobt werden musste. Denn bei geringer Schichtdicke muss das Substrat all das leisten, was beim gewöhnlichen Bodenaufbau in einer Schichtdicke von einem halben Meter bis mehreren Metern stattfindet.

Wer glaubt, eine eigene Erdmischung gehe auch, kann unschöne Überraschungen erleben. Es kann zwar umweltfreundlicher sein, die Bestandteile des Dachsubstrates vor Ort zu besorgen und zu mischen, doch nur wenn Sie auf geprüfte Substrate zurückgreifen, sind Sie bezüglich Dachlast, Wasserhaltevermögen, Entwässerung, Durchwurzelung und Strukturstabilität auf der sicheren Seite und schaffen so die Voraussetzungen für eine gelungene und dauerhafte Dachbegrünung, auch wenn das längere Transportwege für das Substrat nötig macht (einen Überblick über verschiedene Substrate gibt die Tabelle auf Seite 32).

Eigenschaften der Dachsubstrate

Dachsubstrate sind immer leichter als übliche Erden, damit man möglichst dicke Schichten aufbringen kann. Doch sie haben noch andere Eigenschaften, die sie vom üblichen Gartenboden unterscheiden: Die vorwiegend mineralischen Teilchen können mehr Wasser aufnehmen und länger speichern als die Bestandteile der Gartenerde. Sie sind auch leichter wieder benetzbar, wenn sie ausgetrocknet waren. Außerdem rutschen sie im wassergesättigten Zustand nicht so schnell ab (»fließen nicht«) wie normale Böden. Sie zerfallen bei Trockenheit und Frost nicht, bei Feuchtigkeit werden sie nicht zu Humus, sie sind also strukturstabil. Andererseits enthalten sie nur wenige organische Stoffe. So bleiben sie gleich hoch, »setzen« sich nicht oder »sacken« nicht zusammen, wie es vorwiegend organische Substrate (Kompost oder Blumenerde) tun.

Die Mischungen bestehen in der Regel aus 70 bis 90 (Volumen-)Prozent mineralischem Schüttgut und 10 bis 30 (Volumen-)Prozent organischer Substanz (Rindenhumus, zertifizierter Grünkompost). Bestens eignen sich intensive (humusreiche) Dachsubstrate, die entmischungssicher aus Lava, Bims, Ton, Sand sowie Kompost bestehen, mit einer Wasserkapazität von 50 Volumenprozent (das heißt, das Substrat kann Wasser in volumetrischem Anteil von 50 Prozent des eigenen Volumens halten).

Das Gewicht wassergesättigter Dachsubstrate*

Substrate (Korngröße)	Gewicht pro 1 cm Schichtdicke, wassergesättigt (kg/m²)
Für artenreiche und nachhaltige Dachbegrünungen geeignete Dachsubstrate	
Lava-Bims-Gemische mit 10 % Kompost-Anteil	15–18
Rindenhumus- und Kompostgemische mit mineralischen Zuschlagsstoffen	11–12
Sand- und Bodengemische mit mineralischen oder organischen Zuschlagsstoffen	16–18
Folgende Substrate, in Reinkultur (ausschließlich) verwendet, eignen sich unserer Erfahrung nach nicht für artenreiche und nachhaltige Dachbegrünungen	
Bims, gereinigt (1/12 mm)	7–8
Bims, ungereinigt (1/12 mm)	11–12
Lava (1/12 mm)	11–13
Ziegelbruch (1/12 mm)	10–13
Lava-Bims-Gemische	13–16
Ziegelbruch-Bims-Gemische	15–18
Blähton (1/8 mm), Blähschiefer (1/11 mm)	7–8
Blähton- oder Blähschiefer-Gemische	10–13

*nach FLL, Forschungsgesellschaft Landschaftsentwicklung Landschaftsbau e. V.

Viele Gartenbauer und auch wir bevorzugen eine Fertigmischung aus Lava und Bims aus der Eifel, deren Grundstoffe vulkanischen Ursprungs sind und die relativ umweltschonend, ohne großen Energieaufwand abgebaut, gereinigt und gemischt werden. Auch eine fertige Beimischung von Ziegelsplitt, als Abfallprodukt aus der Industrie, durchwurzelt gut. Blähton wird dagegen unter hohem Energieaufwand erzeugt und hat nach unseren Erfahrungen nicht die gleichen Eigenschaften. Er ist zwar etwas leichter, doch die Durchwurzelung ist bei anderen Gemischen besser. Auch Ziegelsplitt als reiner mineralischer Zuschlagsstoff hat sich in der Praxis nicht bewährt.

Ein wesentlicher Vorteil der von uns bevorzugten intensiven Dachsubstrate – intensiv meint hier »humusreich« und nicht, dass diese Substrate nur für die intensive Dachbegrünung gedacht sind – ist, dass sie eine wesentlich höhere Wasserkapazität von etwa 50 Volumenprozent haben und sich nach langer Trockenheit wieder besser begrünen: Das liegt daran, dass sich die Samen der Dachpflanzen, die durch Selbstaussaat vorhanden sind (das Samenpotential), in den organischen Bestandteilen des intensiven Substrates besser erhalten und besser keimen können, wenn die Bedingungen wieder gut sind. In extensiven Substraten fehlen diese organischen Bestandteile ganz.

Unser Tipp

Wichtig: Die Substratmischung muss ein Wasserhaltevermögen (Wasserkapazität) von 50 Volumenprozent haben. Fragen Sie das beim Lieferanten auch ganz explizit an!

Selbst gemischte Substrate

Wer einen leichten, strukturstabilen, schadstoff- und samenfreien Unterboden hat und zudem risikofreudig ist, kann auch mit eigenen Mischungen experimentieren. Doch sollte man vorher unbedingt das Gewicht der Mischung im wassergesättigten Zustand ermitteln, denn bei selbst gemischten Substraten kommt man leicht auf das 1,5- bis 2-fache Gewicht von Fertigsubstraten.

Bei kleinen Flachdächern ohne Lastgrenzen, wie dem Dach eines Mülltonnenhäuschens, ist es sicherlich sinnvoll, eine eigene Mischung herzustellen:

Sandige Ausgangsböden kann man mit etwas Bentonit (Tonmineral) anreichern, damit sie das Wasser besser speichern. Lehmigen Unterboden müssen Sie mit Sand, Lava, Bims, Ziegelsplitt oder Ähnlichem im Verhältnis 1:1 abmagern. Diese Materialien sind auch in kleinen Mengen im Baumarkt erhältlich.

Es gibt auch Dach- und Trogerden, die man für ein Dach mit 20 Prozent Sand abmagern kann. Bei kleineren sonnigen Flachdächern können Sie auch auf Spezialerden für Kakteen zurückgreifen. Möglich ist auch Brechsand (0/5 mm oder 0/8 mm), kombiniert mit einer Auflage von 2 Zentimeter Kompost, der flach eingerecht wird.

Für den benötigten Humusanteil von 10 bis 30 Prozent sollten Sie immer fertigen, nach RAL zertifizierten Kompost oder Rindenhumus verwenden. Nur diese garantieren, dass keine unerwünschten Samen darin enthalten sind.

Dächer mit größerem Gefälle sollte man niemals mit eigenen Mischungen bedecken, denn dort ist die Abrutschgefahr zu groß.

Substrate einbauen: einschichtig, zweischichtig oder mehrschichtig?

Substate können einschichtig, zweischichtig oder mehrschichtig eingebaut werden. Die **einschichtige Bauweise** eignet sich für die meisten extensiven und naturnahen Dachbegrünungen:

- für flache Dächer (das heißt weniger als 2 Prozent Gefälle) ohne Vertiefungen und in Gegenden ohne reiche Niederschläge,
- für flach geneigte Dächer (2 bis 5 Prozent Gefälle) sowie
- für geneigte und steile Dächer (über 5 Prozent Gefälle).

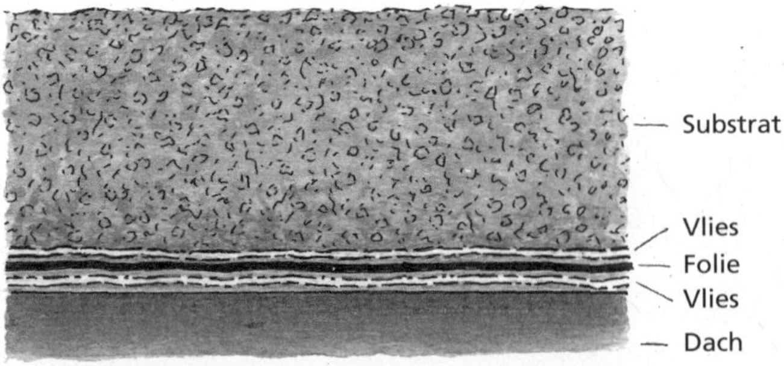

Diese Bauweise heißt einschichtig, weil nur eine Substratschicht verwendet wird. Der Aufbau besteht (von unten nach oben) aus der Dachkonstruktion, einem Schutzvlies darüber, einer Folie als Nässeschutz, einem Schutzvlies über der Folie sowie dem geschütteten Substrat.

So rutscht das Substrat nicht vom steilen Dach ab

Bei der Substratwahl müssen Sie immer auch die Dachneigung berücksichtigen. Da es sich bei den geeigneten Materialien um Schüttstoffe handelt, die keine oder nur wenige bindende Bodenanteile enthalten, ist die Gefahr des Abrutschens bei Neigungen ab 10 Grad wahrscheinlich, über 15 Grad generell gegeben. Die Rutschgefahr ist direkt nach dem Einbau des Substrates am größten, die Wurzeln einer eingewachsenen Pflanzendecke mindern sie später ganz erheblich. Auch starker Wind, Regen und Frost können zum Abrutschen des Substrates führen.

Wasserfeste Dachfolien, die unter dem Substrat liegen, sind sehr glatt, sodass immer ein aufgelegtes Vlies notwendig ist, um ein Abrutschen zu verhindern und den Pflanzen zusätzlich Halt zu geben. Ab Dachneigungen von 10 Grad sorgen aber weder Vliese noch später die Pflanzenwurzeln für ausreichende Rutschsicherung. Dort müssen spezielle Krallmatten (Vliese mit einem Schlaufengewebe, siehe Seite 58) oder Schubschwellen zum Einsatz kommen (siehe ab Seite 94).

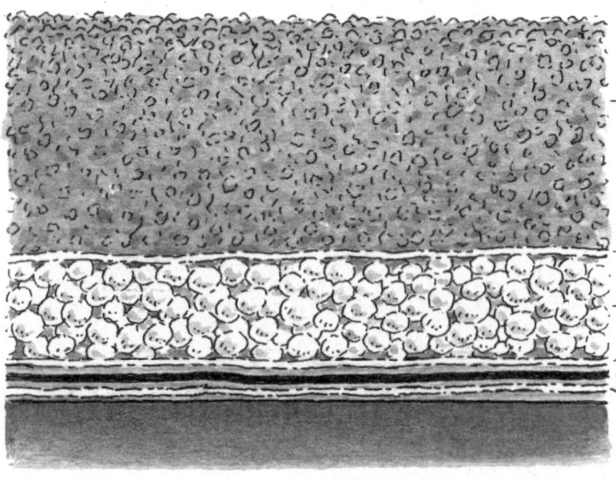

Bei der zweischichtigen Bauweise werden zunächst eine Drainageschicht und ein zusätzlich darüberliegendes Vlies aufgebracht, bevor das Substrat aufgeschüttet wird

Die **zweischichtige Bauweise** sollten Sie wählen, wenn in Ihrer Region mit mehr als 800 Millimeter Niederschlag im Jahr zu rechnen ist und das Dach weniger als 2 Prozent Gefälle hat oder Vertiefungen aufweist, in denen sich große, tiefe Pfützen bilden.

Bei dieser Bauweise kommt zusätzlich eine mineralische Drainageschicht unter das Pflanzsubstrat. Alternativ können Sie eine Drainagematte verwenden (siehe nebenstehende Seite), die sich ab 800 Millimeter Niederschlag im Jahr sowieso empfiehlt. Durch die Drainageschicht kann ein Zuviel an Wasser abfließen und die Pflanzenwurzeln verfaulen nicht im stehenden Wasser. Diese Schicht sollte mindestens 3 Zentimeter hoch sein. Als Material kann man Lava (5 bis 8 Millimeter) oder ein Lava-Bims-Gemisch mit derselben Körnung nehmen wie für das Substrat. Wo die Dachlast keine Rolle spielt, kann man auch runden Drainagekies oder Fallschutzkies verwenden. Völlig ungeeignet sind jedoch scharfkantige Schotter und Splitte!

Zwischen diese Drainageschicht und die Dachhaut kommt immer ein Vlies. Rund um die Gullys oder vor der Traufe wird das Vlies so umgeschlagen, dass das Drainagematerial sicher eingepackt ist und nicht in den Abfluss gelangen kann. Anschließend wird die Drainageschicht mittels eines weiteren aufgelegten Vlieses von der Substratschicht getrennt, damit sie dauerhaft ihre wasserableitende Funktion erfüllen kann.

Mehrschichtige Kunststoff-Unterbauten bieten für naturnahe Dachbegrünungen keinen Mehrwert

Mehrschichtige Bauweisen mit speziellen Drainageplatten, die für intensive Begrünungen verwendet werden, sind wesentlich teurer als geschüttete Drainagen. Manche Konstruktionen zur Entwässerung sehen aus wie Eierkartons und dienen gleichzeitig auch als Wasserspeicher für Pflanzen mit hohem Wasserbedarf. Für die von uns empfohlenen Begrünungen sind diese Kunststoffkonstruktionen nicht nötig. Sie können in unseren Breiten sogar schädlich für eine naturnahe Begrünung sein, weil die Pflanzenwurzeln dann feucht in den Winter gehen, wo sie sehr anfällig für Fäulnis sind.

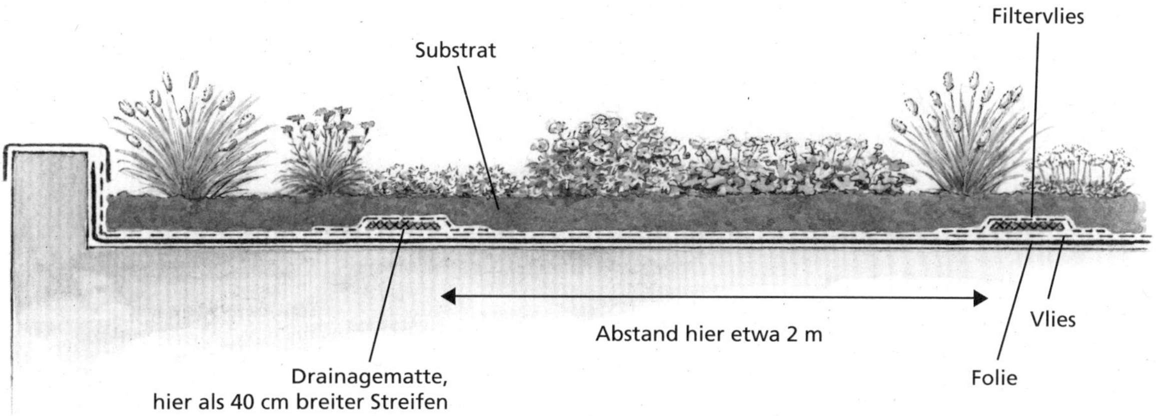

Hier wurden Streifen einer Drainagematte in Richtung des Gefälles auf das Vlies gelegt und mit Vliesstreifen abgedeckt, bevor das Substrat aufgebracht wurde

Drainagematte zur besseren Entwässerung

Um die Dachlast zu verringern, können Sie bei der zweischichtigen Bauweise statt der Drainageschicht eine Drainagematte verwenden. Auch bei Niederschlagsmengen ab 800 Millimeter pro Jahr oder bei großen Dachflächen ab 30 Quadratmetern ist eine Drainagematte sinnvoller als eine Drainageschicht.

Die Matte wiegt weniger als die Drainageschicht. Es handelt sich dabei um ein leichtes Wirrgewebe aus Kunststoff, das beidseitig mit einer dünnen Lage Vlies kaschiert ist. Die locker verworrene Wirrgewebe-Lage ist etwa 20 Millimeter dick und lässt ein Zuviel an Wasser leichter abfließen. Solche Matten sind im Fachhandel (Anbieter von Zubehör zum Bau von Dächern, zur Dachbegrünung) als »Schutz-, Drain- und Filtermatte« erhältlich, auch in vergleichweise kleinen Mengen.

Ab einer Niederschlagsmenge von 800 Millimetern pro Jahr wird die Matte ganzflächig verlegt. Bei weniger Substrat und geringeren Niederschlagsmengen braucht es nicht ganzflächig zu sein, sondern man kann im Abstand von 2 Metern jeweils einen 40 Zentimeter breiten Streifen der Matte in Richtung der Entwässerung verlegen.

Die Drainagematte wird dabei auf das Vlies, das auf der Folie liegt, aufgelegt und an den Übergangskanten mit etwas Vlies abgedeckt. Darüber kommt dann das Substrat (falls die Matte nicht mit Vlies kaschiert ist, legt man eine weitere Lage Vlies auf das Wirrgewebe, bevor man das Substrat darüber verteilt).

Schritt für Schritt zum blühenden Dach

Mit dem Vorwissen aus den vorangegangenen Kapiteln betrachten Sie Ihr Dach nun mit ganz anderen Augen. Also, nichts wie runter mit der alten Dacheindeckung und begrünen? Halt! So einfach ist es nicht, wir müssen erst einmal sehen, welche technischen Voraussetzungen gegeben sind und welche noch geschaffen werden müssen. Das sind zum einen der Ist-Zustand des Daches, dessen Neigung, die zulässigen Dachlasten, die Ausrichtung zur Sonne und Weiteres mehr.

Oder haben Sie noch kein fertiges Gebäude und planen die Begrünung vor dem Bau? Das ist optimal, denn auch Architekten und besonders Statiker planen immer vom Dach her, unter anderem, weil die Dachlast auf den Wänden aufliegt und deren Dicke sowie die Stärke der Fundamente bestimmt. Wer also neu plant, kann sich von seiner gewünschten Begrünungsform leiten lassen und die optimalen Voraussetzungen für die zu tragenden Lasten schaffen.

Es ist nicht so, dass sich nur Flachdächer für eine Begrünung eignen. Auch Steil- und sogar Tonnendächer sind schon erfolgreich begrünt worden. Sehr steile Dächer erfordern jedoch spezielle Techniken, die nur unter Hinzuziehung von Fachleuten geplant und begrünt werden sollten, was recht teuer werden kann.

In diesem Kapitel erfahren Sie etwas über die technischen Voraussetzungen, um Dächer verschiedener Neigungswinkel zu begrünen. Außerdem haben wir einige baurechtliche und sicherheitsrelevante Informationen für Sie zusammengestellt, damit Sie die Dachbegrünung gut planen und sicher durchführen können.

Ab Seite 76 finden Sie dann Besonderheiten, die Sie speziell bei flachen Dächern (ab Seite 76), bei geneigten Dächern (ab Seite 88) sowie bei steilen Dächer (ab Seite 94) beachten sollten.

Was man vorher bedenken muss

Wichtig sind rechtliche Fragen, um Ärger mit den Nachbarn oder mit dem Bauamt zu vermeiden, sowie sicherheitsrelevante Aspekte zum unfallfreien Arbeiten auf dem Dach (siehe auch Seite 156).

Sicherheit bei der Arbeit

Es gibt viele Risiken, die man bei einer Dachbegrünung kennen muss, um Gefahren von vornherein zu vermeiden. Die einen betreffen das Dach selbst, seine Statik, Dichtigkeit und Konstruktionsdetails, die anderen die Menschen, die an der Begrünung beteiligt sind.

Der Sturz von der Leiter ist in Haus und Garten einer der häufigsten Unfälle, die Gefahr sollte nicht unterschätzt werden. Bei der Planung der Begrünung in Eigenregie ist es deshalb sehr wichtig, die Baustelle und alle Hilfsmittel

Checkliste für mehr Sicherheit

- *Wie sieht der Untergrund vor oder rund um das zu begrünende Gebäude aus? Ist er eben und fest genug, um eine Leiter oder ein Gerüst sicher aufzustellen?*
- *Wo kann die Leiter sicher angelehnt werden? Kann man sie befestigen, sodass sie nicht umkippen kann?*
- *In welchem Zustand ist die Leiter? Ist sie hoch genug, sind alle Sprossen sicher?*
- *Leihe ich besser ein Gerüst aus? Gibt es dafür Verankerungen am Gebäude? Ist der Untergrund dafür geeignet?*
- *Sind alle Helfer und Helferinnen schwindelfrei? Sind sie auch umsichtig genug, um auf einem Dach zu arbeiten?*
- *Gibt es irgendwo Stolperfallen, die erst beseitigt werden müssen?*
- *Habe ich alle Helfer und mich mit einer Bauhelferversicherung versichert?*
- *Gibt es die Möglichkeit, einen Sicherheitsgurt zu verankern?*
- *Können meine Helferinnen und Helfer bei hohen und steilen Dächern mit einem Klettergurt umgehen und arbeiten?*
- *Gibt es einen Helfenden, der speziell auf die Sicherheit achtet?*
- *Ist die Photovoltaik-Anlage während der Bauzeit vom Stromnetz getrennt?*
- *Wie kommt das Material sicher aufs Dach?*

Eine sicher angelehnte Leiter reicht meist aus, um ein flaches Dach zu erklimmen (links). Hat das Dach eine Neigung von 25 Grad und mehr, ist es sinnvoll, Sicherungsösen einbauen zu lassen, in die ein Sicherungsseil eingehakt werden kann (rechts). Im öffentlichen und gewerblichen Bereich sind solche Ösen immer vorgeschrieben.

vorher in Augenschein zu nehmen. Dabei sollte man sich alle Arbeitsschritte und deren Ausführung vorstellen und überlegen, wo, wie und mit welchen Helfern sie bewerkstelligt werden sollen. Eine gut geplante und vorbereitete Aktion, die alle Arbeitsschritte festlegt, nicht unter Zeitdruck stattfindet und von einem erfahrenen (Hobby-)Handwerker geleitet wird, ist wesentlich weniger unfallträchtig als eine Hauruckmaßnahme.

Unser Tipp

Ist das Dach groß und werden Helfer und Helferinnen benötigt, sollte man bei seinem Versicherer Bescheid geben und die Helfenden kurzfristig mit einer speziellen Bauhelferversicherung (Unfallversicherung für Bauhelfer) absichern. Dies gilt übrigens für alle Bau- und Umbaumaßnahmen in Haus und Garten, bei denen Familienmitglieder oder Freunde mit anpacken. Ist bereits eine PV-Anlage auf dem Dach, muss dies ebenfalls der Gebäudeversicherung gemeldet werden.

Bauvorschriften für Nebengebäude

Wir beschreiben in diesem Buch die Begrünung von Nebengebäuden in Privatgärten. Darunter fallen Garagen und Carports sowie Gartenhäuser, Pavillons, Ställe, Scheunen und Unterstände, auch Vordächer am Wohngebäude. Sie dienen nicht dem Wohnen und haben in der Regel keine Heizung und keine gedämmten Wände und Dächer.

Für das Aufstellen von Nebengebäuden und das Anbringen von Vordächern gelten dennoch die Regeln der Bauordnung beziehungsweise der Gestaltungssatzung der Kommune. Je nach Baugebiet müssen Grenzabstände, Volumen und Höhe der Gebäude berücksichtigt werden, ebenso das Nachbarschaftsrecht.

Nebengebäude mit Bauerlaubnis haben in der Regel Bestandsschutz, das heißt, es muss für eine Begrünung nicht erneut eine Bauerlaubnis eingeholt werden. Aber auch wenn keine Bauerlaubnis nötig ist, ist dennoch das Einverständnis des Nachbarn von Vorteil, besonders wenn das Gebäude an der Grenze steht. Eine schriftliche Vereinbarung mit dem Nachbarn kann sinnvoll sein, auch wenn diese bei einem Besitzerwechsel keine hundertprozentige Sicherheit bietet.

Ein Gartenhaus oder Pavillon kann relativ einfach ab- und an anderer Stelle wieder aufgebaut werden. Die Dachbegrünung wird dabei jedoch vollständig zerstört und muss wieder neu errichtet werden. Prüfen Sie deshalb vor dem Kauf und dem Aufstellen genau, was zulässig ist. Ihr örtliches Bauamt oder das Kreisbauamt erteilen Ihnen dazu Auskünfte. Ist das Nebengebäude bereits vorhanden, kann sich auch hier eine Prüfung, ob die Begrünung in dieser Weise und an diesem Ort zulässig ist, lohnen.

Unser Tipp

Durch die Überbauung mit einem Nebengebäude wird Fläche versiegelt. Ein blühendes Dach und die Entwässerung in den Garten heben diese zum Teil wieder auf. Beim Neubau eines begrünten Nebengebäudes ändert sich somit die Abwasserabgabe zum Teil (oft werden 50 Prozent berechnet). Auch wenn Sie ein bereits vorhandenes Nebengebäude, das vormals in den Kanal entwässert wurde, begrünen, sollten Sie dies bei der Kommune melden, da sich die Abwasserabgabe dadurch mindern kann (siehe auch ab Seite 22).

Geräte und Hilfsmittel für den Substrattransport

Ein Dach zu begrünen, ist körperlich anstrengend – das sollten Sie nicht unterschätzen! Alleine eine stabile Folie kann viele Kilos wiegen, die erst einmal auf das Dach gehoben und dort ausgebreitet werden muss. Die größte körperliche Herausforderung bei der Begrünung von Dächern ist aber das Hinaufheben des Dachsubstrats. Bei kleinen Nebengebäuden bis etwa 10 Quadratmeter Dachfläche kann man dazu eine Eimerkette bilden: Bei 10 Zentimeter Substrathöhe werden dort immerhin 1000 Liter Substrat, also 100 volle Eimer benötigt. Außerdem braucht man vier Menschen: einen Helfer auf dem Dach, einen auf der Leiter, einen am Substrathaufen, der die Eimer voll schippt, und einen Träger, der die Eimer zur Leiter hinaufreicht. Alle Helfer sollten für die Arbeit feste Schuhe mit rutschsicheren Sohlen und gute Handschuhe tragen. Achten Sie auch auf gutes Werkzeug und stabile Eimer mit dickem Bügel. Auf diese Weise kann man auch größere Dächer begrünen, vorausgesetzt, die Helfer und Helferinnen haben genug Ausdauer.

Ein geliehener Schrägaufzug kann die Eimerkette ersetzen. Dabei braucht man nur zwei Menschen, einen zum Aufladen am Boden und einen zum Abladen auf dem Dach. Von einem Dachdecker kann man dazu einen Lastenaufzug oder ein Förderband ausleihen.

Wer einen Traktor oder Bagger mit Schaufel zur Verfügung hat, kann das Substrat auch mit der Schaufel anreichen oder sogar am vorderen Dachrand vorsichtig abkippen. Kleinere Mengen kann man auch in Wannen oder großen Kübeln mit einem Gabelstapler anreichen. Bei größeren Dachflächen ist es gegebenenfalls ratsam, das Substrat in großen Säcken (Big-Bags) direkt aufs Dach heben zu lassen. Dies hängt in den meisten Fällen von der Zufahrtsmöglichkeit zum Dach ab. Ein Lastwagen mit Hebevorrichtung kann auf einer mindestens 2,5 Meter breiten Zufahrt Big-Bags anliefern und über das Dach heben, wo sie hängend geöffnet werden. Mit zwei bis drei Helfern wird das Substrat zügig verteilt, damit die Dachlast nicht punktuell überschritten wird. Größere Dächer können auch von der Straße aus mit dem Silowagen beliefert werden. Das lohnt sich bei Dächern ab einer Fläche von 35 Quadratmetern. Dabei wird das Substrat mittels eines langen Schlauchs auf das Dach geblasen. Welche Reichweite die Schlauchpumpe hat, muss mit dem Transportunternehmen vorher geklärt werden.

Bei allen motorbetriebenen Hilfsmitteln muss die Zufahrt zum Gebäude gewährleistet sein, zum anderen der Untergrund ausreichend tragfähig sein.

Beim Hinaufheben darf der Dachrand nicht beschädigt werden und das Material darf nicht an einem Punkt des Daches abgeladen werden! Es muss sofort gleichmäßig auf dem Dach verteilt werden, damit die Konstruktion zu keinem Zeitpunkt überlastet wird.

Was bei Flachdächern von Garagen und Carports relativ einfach gelingt, da hier in der Regel eine Zufahrt möglich ist, kann bei einem größeren Nebengebäude im hinteren Garten zur echten Herausforderung werden. Klären Sie also immer erst genau, welche Maßnahmen wirklich sinnvoll sind, um sich die Arbeit zu erleichtern. So ist es beispielsweise keinesfalls sinnvoll, wenn der Garten von einem hilfsbereiten Nachbarn mit Traktor zerfahren wird und anschließend renoviert werden muss.

Das wichtigste mechanische Hilfsmittel bei ungünstigen Zufahrtsmöglichkeiten ist eine stabile Sackkarre. Man kann sie mit drei bis fünf aufeinander gestellten Eimern, die jeweils zu etwa zwei Dritteln befüllten werden, beladen und bis zum Fuß der Leiter schieben. Gibt es keinen befestigten Weg, legt man vorher lange Bohlen aus. Die Eimer reicht man dann direkt dem Helfenden auf der Leiter an.

Zum Verteilen des Substrates auf dem Dach kann man eine Schaufel mit gerader Vorderkante (Holsteiner Schaufel) nutzen. Rechen mit Zinken haben auf dem Dach nichts zu suchen. Sie können die Dachhaut beschädigen und sind gefährlich, wenn man aus Versehen darauf tritt.

Größere steile Dächer kann man nur mit der Schlauchpumpe vom Silowagen füllen lassen. Bei kleinen Steildächer ist nur die Eimerkette mit Helfern möglich. Anstelle einer Leiter kann in diesem Fall ein Gerüst sehr hilfreich sein.

Unser Tipp

Arbeiten Sie mit geradem Rücken, gespannten Bauch- und Gesäßmuskeln und leicht gebeugten Knien. Heben Sie schwere Gegenstände nah am Körper und lockern Sie Arme und Beine zwischendurch. So bleiben Gelenke und Rücken gesund.

Der richtige Unterbau für das blühende Dach

Viele Nebengebäude und Garagen haben Flachdächer, doch es gibt auch geneigte Dächer in verschiedenen Formen. Die bekannteste Form ist das Satteldach mit zwei geneigten Dachflächen und einem First. Bei Nebengebäuden recht häufig ist das Pultdach mit nur einer geneigten Fläche. Zeltdächer von Pavillons haben dagegen vier bis acht spitzwinklige, meist recht steile Dachflächen.

Für die Begrünung ist jedoch weniger die Form des Daches als vielmehr der Neigungswinkel, die Zugänglichkeit, die möglichen Dachlasten und andere technische Merkmale wie die Fläche des Daches wichtig, die im Folgenden näher beschrieben werden. Wer keine technische Beschreibung seines Daches hat, kann den Neigungswinkel selbst bestimmen (siehe Seite 180) oder sich von kompetenten Fachleuten beraten lassen.

Das Ausmessen der Dachfläche ist einfach, wenn man Länge und Breite gut ermitteln kann. Bei geneigten Dächern gilt immer die tatsächliche Fläche der Dachhälften und nicht die Projektionsfläche beziehungsweise die Grundfläche des Gebäudes.

Dachneigung kennen

Die Neigung eines Dachs wird durch die Konstruktion des Daches bestimmt und in Grad (°) angegeben. Flachdächer (0-Grad-Dächer) haben keine Neigung in der Unterkonstruktion. Damit das Regenwasser schneller abfließt, können sie jedoch obenauf oder unter der Dachhaut ein leichtes Gefälle (meist 2 Prozent) zum Gully oder zur der Traufe hin haben.

Architekten und Architektinnen geben Dachneigungen nur in Grad an. Eine Angabe des Gefälles in Prozent (%) ist, zusammen mit der Richtung des Gefälles, nur bei »ebenen« Flächen wegen des Wasserablaufs nötig.

Da es unter Umständen aber einfacher ist, das Gefälle eines geneigten Dachs mittels Zollstock und Wasserwaage in Prozent zu bestimmen, berücksichtigen wir dies in der Tabelle auf der folgenden Seite. Zwischenwerte können Sie in einer Umrechnungstabelle auf Seite 181 ablesen. Dort erfahren Sie auch, wie Sie das Gefälle in Prozent bestimmen können.

Verschiedene Dachformen und die jeweils notwendigen Aufbauten für die Begrünung

Dachneigung	Neigung (in Grad)	Gefälle (in Prozent)	Voraussetzung für die Begrünung
Flachdach, Null-Grad-Dach	0°	0 %	einschichtiger, selten auch zweischichtiger Aufbau (Drainage unter dem Substrat) oder leichtes Gefälle herstellen (siehe ab Seite 34)
schwach (flach) geneigtes Dach	1–3°	2–5 %	einschichtiger Substrataufbau auf Vlies (siehe Seite 34)
stark geneigtes Dach	4–15°	7–25 %	einschichtiger Substrataufbau (siehe Seite 34), ab 10° eventuell auf Krallmatten (siehe Seite 59 und Illustration Seite 58)
Steildach	15–30°	25–60 %	einschichtiger Substrataufbau zwischen Schubschwellen (siehe ab Seite 94)
sehr steiles Steildach	30–45°	60–100 %	nur mit Spezialsystemen zu begrünen

Für Zwischenwerte siehe auch die Tabelle auf Seite 181

Dachlasten nicht überschreiten

Damit Nebengebäude möglichst preiswert sind, wird in der Regel nur so viel Material in Wänden und Dächern verbaut, dass es den statischen Mindestanforderungen genügt. So sind besonders bei kleinen Holzbauten Dach und Wände nur für geringe Lasten ausgelegt, die von der Dacheindeckung und der Schneelast im Winter aufgezehrt werden. Massive Garagen mit Betondecken können hingegen zusätzliche Lasten aufnehmen und sind in der Regel auch begehbar.

Die Möglichkeiten einer Begrünung und die Begrünungsart werden von der Tragfähigkeit des Daches begrenzt. Bei der Lastenannahme muss zwischen »ständigen Lasten« und »Verkehrslasten« unterschieden werden:

Ständige Lasten entstehen durch die Dachkonstruktion selbst und den Aufbau in Form von Dacheindeckung oder Begrünung. Auch eine PV-Anlage zählt zu den ständigen Lasten. Bei ihr wird das Eigengewicht der Anlage zusammen mit ihrer Windlast berechnet (siehe auch Seite 48). Verkehrslasten treten nur kurzfristig in Form von Schneelasten auf oder wenn das Dach zu Pflege- und Wartungsarbeiten betreten wird.

Der Schichtaufbau der Begrünung bildet zusammen mit der Vegetation eine ständige Last. Dabei sind die Gewichte der Dachfolie als Dichtungsbahn und der Vliesstoffe als Schutzlagen vernachlässigbar, schwere Schutzlagen und

Flächengewichte der verschiedenen Begrünungsformen auf leichtem mineralischen Dachsubstrat, wassergesättigt

Begrünungsformen	Substrathöhe	Flächengewicht* (kg/m²)
extensiv mit Sedum-Arten	5–6 cm	75–100
naturnah mit Gräsern und Kräutern	10–15 cm	160–200
naturnah mit Gräsern und Stauden	15–20 cm	200–250
naturnah mit Gräsern, Stauden und Zwerggehölzen	20–30 cm	250–350
naturnah mit Stauden und Zwerggehölzen oder intensiv mit Rasen	30–40 cm	350–600
naturnah oder intensiv mit Stauden und Sträuchern	45–60 cm	600–1000

* Die flächenbezogene Masse von 100 kg entspricht etwa 1 kN, siehe auch Seite 179

Ermittlung der Nutzlast

Die Nutzlast ist die Lastreserve, die nach Abzug aller anderen Lasten verbleibt. Es ist jene Last, die ein fertig konstruiertes Dach tragen kann, zum Beispiel in Form einer Dacheindeckung oder Begrünung.

Um die Nutzlast zu ermitteln, subtrahieren Sie die Schneelast (regional und in Höhen über NN unterschiedlich!) und die Verkehrslast (das durchschnittliche Gewicht eines Menschen) von der maximal zulässigen Belastung (laut Statik):

Max. Belastung (kN/m²) minus Schneelast (kN/m²) minus Verkehrslast (kN/m²) = Nutzlast (kN/m²).

Diese Nutzlast oder Lastreserve kann für eine Begrünung vollständig in Anspruch genommen werden. Bei Garagen mit Kiesschüttung beträgt sie zum Beispiel zwischen 0,5 und 1 kN/m². Das reicht für eine extensive bis naturnahe Begrünung aus.

Reicht die Nutzlast für eine Begrünung nicht aus, kann man bei Nebengebäuden die Verkehrslast (0,75 kN/m²) als zusätzliche Nutzlast für eine Begrünung nutzen. Das bedeutet jedoch, dass man das Dach bei Schnee auf keinen Fall betreten darf!

Die Formel lautet in diesem Fall:

Max. Belastung (kN/m²) minus Schneelast (kN/m²) =
Nutzlast (kN/m²) für Begrünung

Wärmedämmungen müssen jedoch in der gesamten Lastenbilanz berücksichtigt werden. Für das Substrat muss immer das Gewicht im wassergesättigten Zustand angenommen werden (siehe auch Seite 179 und Tabelle Seite 180). Die nebenstehende Tabelle nennt die Flächengewichte der verschiedenen Begrünungsformen im wassergesättigten Zustand.

Kurzfristige Überschreitungen der Lastenannahme durch Verkehrslasten, die durch das Betreten des Daches auftreten, sind zulässig, da diese Lastreserven beim Bau berücksichtigt werden müssen.

Auch einzelne Steine und Substrathügel für anspruchsvollere Pflanzen, die zudem von Steinen begrenzt werden müssen, wiegen punktuell mehr als die übrigen Substratschichten. Ist die zulässige Dachlast auf der Fläche bereits ausgereizt, kann man Substrathügel und Steinhaufen nur über Stützen, Mauern und anderen Bauteilen, die höhere Dachlasten zulassen, errichten.

Vor jeder Begrünung sollte immer in den statischen Unterlagen nachgeschaut oder von einem Fachmann, einer Fachfrau berechnet werden, für welche ständigen Lasten, zu denen auch Bauelemente wie Randabgrenzungen oder Platten gehören, die Dachkonstruktion ausgelegt ist. Spezielle Konstruktionen, wie Traufdrainagen aus Kiesschüttungen, dürfen die errechnete Lastenannahme überschreiten, wenn sie über einer tragenden Wand oder einer Stütze errichtet werden.

Für viele Nebengebäude gibt es keine Unterlagen zur Statik, tragende Bauteile altern zudem. Daher ist es auf jeden Fall sinnvoll, einen Statiker, bei Holzbauten gegebenenfalls auch einen Zimmermann, um Rat zu fragen. Diese Fachleute können Ihnen auch sagen, durch welche Maßnahmen die Lastannahmen erhöht werden können, falls die Lastreserven für die geplante Begrünung nicht ausreichen.

Unser Tipp

Markieren Sie sich die Dachflächen, die laut Statik oder Augenschein höhere Lasten vertragen, zum Beispiel über Stützen oder tragenden Wänden, damit Material nur dort gelagert wird. Ist das Substrat verteilt, markieren Sie diese Stellen erneut, zum Beispiel mit Steinen (umgedrehte Plastikeimer fliegen leicht weg!), damit sie auch beim Dekorieren und Bepflanzen wieder gefunden werden. Achten Sie bitte darauf, dass die Markierungen keine Stolperfallen werden!

Die größten Lasten hat ein Dach in der Regel kurzfristig zu verkraften, wenn Helfer und Helferinnen die Folie ausrollen, das Substrat heraufschaffen und verteilen und das Dach begrünen. Deshalb muss man hier gut planen und sich ständig bewusst sein, dass das Dach in der Regel nicht für den Aufenthalt von Menschen ausgelegt ist. Es dürfen immer nur wenige Helfer auf dem Dach sein. Diese müssen sich stets über die Fläche verteilen und dürfen nicht eng nebeneinanderstehen. Die Materialien dürfen nicht auf einem Haufen gelagert werden. Ein häufiger Fehler ist das Abstellen von Big-Bags

Dachlast und Windlast bei Photovoltaik-Anlagen

Wenn Sie eine Auflast gehaltene Photovoltaik-Anlage planen, müssen Sie deren Gewicht (Module plus Ständer) sowie die zu erwartende Windlast als ständige Lasten zu allen anderen Dachlasten addieren. Eine durch Auflast gehaltene Aufständerung braucht zusätzliche Gewichte, um dem Windsog standzuhalten. Ob dies allein durch das Substrat gesichert ist oder ob man dafür zusätzliche Gewichte, wie Natursteine, Betonplatten oder (verrottungssichere!) Sandsäcke, braucht, muss ebenfalls berechnet und bei der Gesamtlast berücksichtigt werden.

Windlast

Für Gebäude bis 8 Meter Höhe gilt laut DIN 1055 der Druckbeiwert (cp) für seitlich offene prismatische Baukörper (zum Beispiel aufgeständerte Schutzdächer oder PV-Module). Dabei wird der angenommene Windsog von 0,6 Kilonewton (kN) pro Quadratmeter mit dem Faktor 0,5 multipliziert, also halbiert.

Windsog (Ws) = 0,6 kN/m² × 0,5 = 0,30 kN/m²

Das Gewicht der PV-Anlage inklusive der Auflast (der Beschwerung der Module) sollte also mindestens 30 Kilogramm pro Quadratmeter sein (das entspricht etwa 30 kN/m²), um dem Winddruck oder Windsog standzuhalten.

Um auch bei Sturm auf der sicheren Seite zu sein, multiplizieren Statiker den Windsog (die Windlast) meist noch mit dem Faktor 1,5. Das ergibt dann 45 Kilogramm pro Quadratmeter PV-Modul (Eigengewicht plus Auflast). In der Regel brauchen Sie aber keinen Statiker, weil die ausführende Fachfirma die Werte passend zur Neigung und Ausrichtung der Module sowie zu den örtlichen Windverhältnissen berücksichtigt. Das sprechen Sie am besten mit der Fachfirma ab.

mit Substrat auf der Mitte des Dachs, weil sie von dort gut von allen Seiten erreichbar sind. Ein gefüllter Big-Bag kann jedoch 1 bis 2 Tonnen wiegen und darf deshalb nicht auf das Dach gestellt werden. Man öffnet ihn, solange er am Kran hängt, und entleert ihn auf einer größeren Fläche, jedoch keinesfalls auf einem Haufen!

Bei einer guten Baustellenlogistik steht nichts auf dem Dach herum, sondern wird dann angeliefert, wenn es auch direkt eingebaut werden kann.

Entwässerung flacher und steiler Dächer

Sowohl die Menge des anfallenden Regenwassers auf dem Dach als auch der Wasserabfluss vom Dach sind abhängig von der Dachneigung:

Ist das Dach flach, fällt der gesamte, senkrecht auftreffende Regen darauf und das Wasser fließt erst nach längerer Zeit ab, sobald das Substrat vollständig mit Wasser vollgesogen ist. Auf einem Flachdach kann sich das Substrat langsam vollsaugen und die Pflanzen sind gut mit Wasser versorgt. Allerdings soll überschüssiges Regenwasser abfließen können, denn die Pflanzen dürfen nicht im Wasser stehen, weil dann die Wurzeln zu faulen beginnen. Ein ebener Untergrund mit einem Gefälle von 2 bis 5 Prozent ist optimal, denn dort fließt alles Wasser, das nicht vom Substrat aufgesogen wurde, relativ langsam, aber zuverlässig in die Entwässerung. In der Praxis zeigt sich, dass sich auch auf fachgerecht begrünten Dächern ohne Gefälle kein Stauwasser bildet, denn ein gutes mineralisches Dachsubstrat saugt stehendes Wasser nach und nach auf. Selbst kleinere Senken, in denen sich Pfützen bilden, können toleriert werden. Oftmals zeigt sich an der Vegetation, wo die feuchteren Stellen auf dem Dach sind, aber das bereichert nur die Pflanzenvielfalt.

Steile Dächer bekommen weniger Regen ab als flache, denn die Projektionsfläche ist dort kleiner. Nur wenn der Regen unter dem selben Winkel, wie das Dach geneigt ist, auftrifft, kommt die gesamte Regenmenge auf der Dachfläche an.

Auf steile Dächer trifft aber nicht nur weniger Regen, das Wasser fließt auch schneller ab. Unter Umständen so schnell, dass dem Substrat kaum Zeit bleibt, das Wasser aufzusaugen. Im schlimmsten Fall, zum Beispiel bei Starkregen, rutscht das ganze Substrat vom Dach ab. Schubsicherungen (siehe ab Seite 94) dienen deshalb nicht nur der Substratsicherung, sondern sie sollen auch den Wasserabfluss deutlich verzögern.

Ob flach geneigt oder steil, in jedem Fall braucht das Dach eine Entwässerung, um überschüssiges Wasser abzuleiten. Diese erfolgt über einen oder mehrere Gullys (siehe obere Abbildung) oder über den Rand, die Traufe des geneigten Daches (siehe untere Abbildung).

Da der Wasserabfluss bei begrünten Dächern wesentlich langsamer erfolgt und zudem deutlich geringere Wassermengen pro Zeiteinheit anfallen als bei nackten Dächern, können Gully oder die Regenrinne sowie Fallrohre des Gebäudes jedoch deutlich kleiner dimensioniert werden als bei einem unbegrünten Dach (siehe auch ab Seite 181). Bei sehr kleinen begrünten Dächern, zum Beispiel bei einem Mülltonnenhaus, kann man sogar darauf verzichten, wenn gewährleistet ist, dass das abfließende Wasser nicht am Rand des Gebäudes herunterläuft.

Der Rand eines Gullys muss nicht plan mit der Dachfolie abschließen, sondern darf 1 bis 2 Zentimeter höher stehen. So wird das abfließende Wasser etwas angestaut und das Substrat hat länger Zeit, die Wasserreste aufzusaugen.

Bei einer Entwässerung über die gesamte Breite der Traufe reicht ein Spalt unter dem Traufbalken für den Abfluss aus. Sie können aber auch gelochte Bleche oder Gitter (Kiesfänge) dafür verwenden.

Rund um einen Gully (links) und vor einer Traufe (rechts) verhindert eine Kiespackung, dass feine Substratteilchen in die Entwässerung gelangen. Diese Packung deckt man wiederum mit etwas Kies ab, der dann die sichtbare Oberfläche bildet.

▷ Wasser von der Tropfkante eines Photovoltaik-Moduls

Unter PV-Modulen kommt wenig Regen an. Das ist aber kein Problem, weil gute Dachsubstrate das Wasser nicht nur vertikal, sondern auch horizontal weiterleiten, sodass auch Pflanzen im Regenschatten genügend Feuchtigkeit bekommen. Außerdem breiten die Pflanzen ihre Wurzeln zum feuchteren Substrat hin aus und versorgen sich so selbst mit ausreichend Wasser.

Regenwasser, das von der Traufe oder Tropfkante der Module abfließt, erzeugt im Substrat darunter eine schmale Rinne. Weil die Module nicht sehr lang sind und das Wasser stetig ankommt, ist bei normalem Regen nicht mit Ausspülungen zu rechnen. Ist die Rinne mit Pflanzen bedeckt, spritzt auch kein Substrat an die Unterkante der Module. Bei mindestens 30 Zentimeter Abstand zwischen Pflanzenoberkante und Modulunterkante ist das auch bei heftigem Regen nicht zu erwarten.

Solange sich allerdings keine geschlossene Vegetation gebildet hat, kann sich bei starkem Regen, der sturzbachartig auf das Dachsubstrat rauscht, eine Rinne oder Kuhle im Substrat bilden. Eine dichte, gut angewachsene flach wurzelnde Begrünung kann einer Auswaschung jedoch standhalten. Die Pflanzen wachsen zudem von der Seite her in die Kuhle ein.

Wer Spaß am Gestalten hat, kann unter der Tropfkante auch einen schmalen Kiesstreifen schütten. Bettet man ihn etwas ein, kann er wie ein kleiner Bachlauf aussehen – und wird er gelegentlich breiter zum kleinen »Gumpen« geformt, ergibt sich auch bei geradem Verlauf ein dynamisch anmutendes Bild. Bedenken Sie aber das Gewicht und auch, dass solch eine Gestaltung mittelfristig von Pflanzen erobert wird, wenn Sie die Fläche nicht freihalten wollen – so kann es sinnvoller sein, von vornherein auch dort mit Substrat zu arbeiten.

Sonderfall: Wasser von weiter oben

Bei Anbauten, Garagen und Vordächern gibt es manchmal die Situation, dass Dachwasser vom Haus über das Anbaudach in dessen Entwässerung geleitet wird. Solange das Dach nicht begrünt war, funktionierte das meistens, doch mit einer Begrünung muss diese, nicht fachgerechte Entwässerung meistens geändert werden. Der Grund: Das schwallartig anfallende Wasser würde das Substrat wegspülen, schlimmstenfalls sogar die Entwässerung verstopfen. Pflanzen können dort natürlich auch nicht wachsen.

Dort muss ein passendes Regenrohr, das in die Regenrinne mündet, über die Folie des zu begrünenden Dachs gelegt werden. Bezieht man das Regenrohr in die Bepflanzung und Dekoration mit ein, kann es unauffällig versteckt werden. Kupferrohre auf braunem Lava-Bims-Gemisch oder verzinkte Rohre über einer Mulchdecke aus hellgrauem Kalksplitt fallen kaum auf. Allerdings sollte man sie möglichst immer ins Substrat einbauen und mit Ästen kaschieren.

Vor der Begrünung eines Daches lohnt es sich, die Entwässerung aller angrenzenden Gebäude zu inspizieren und gegebenenfalls zu erneuern. Alle Dachrinnen oberhalb des begrünten Daches sollten mit Laubgittern abgedeckt werden, denn ein verstopftes Fallrohr führt zum Überlaufen der Dachrinne. Das schwallartig über die Rinne laufende Wasser zerstört aber die Begrünung und spült die Substratteilchen herunter.

Unser Tipp

Die Entwässerung des begrünten Daches muss auch in diesem Fall für die anfallenden Wassermengen ausgelegt sein und mittels einer Kiesdrainage frei von Substrat und Bepflanzung gehalten werden. Die Kiespackung muss mit einem Vlies vor Verschmutzungen durch Substratteilchen geschützt werden.

Verwendung des Dachwassers als Gießwasser

Begrünte Dächer vermindern zwar den Wasserabfluss um mehr als die Hälfte, aber es lohnt sich trotzdem, das ablaufende Dachwasser aufzufangen. Eine Regentonne neben dem Fallrohr speichert das Wasser, sodass es zum Gießen anderer Pflanzungen verwendet werden kann. Bei kleinen Dächern, wo wenig Wasser anfällt, kann man das Fallrohr direkt in die Regentonne münden lassen. Bei großen Dächern wählt man für das Fallrohr ein Zwischenstück mit Schlauch und Schwimmer, das ein Überlaufen der Regentonne verhindert.

Eine frostfeste Regentonne von 80 bis 100 Zentimeter Höhe und einem Durchmesser von mindestens 60 Zentimetern ist ergonomisch am sinnvollsten, denn dort kann man die Gießkanne einfach eintauchen und braucht nicht (gebückt) zu warten, bis sie aus einem Hahn vollgelaufen ist. Ein Deckel ist wichtig, damit Kinder oder Wildtiere wie Eichhörnchen und Vögel nicht hineinfallen können, und schützt vor Mücken. Ist der Deckel geteilt, erleichtert er das Aufklappen zum Schöpfen.

Je nach Dachsubstrat kann das abfließende Wasser leicht verfärbt sein. Das stellt aber keine Qualitätseinbuße dar. Im Gegenteil: Staub und Schadstoffe aus der Luft, die sich im Regenwasser befinden, werden vom Dachsubstrat sogar zurückgehalten. Ein Laubabscheider zwischen Fallrohr und Zulauf zur Regentonne ist beim begrünten Dach in der Regel nicht nötig. Ebenso kann man auf einen vorgeschalteten Filter für den Einlauf in eine unterirdische Zisterne verzichten, denn Staub und kleine Substratteilchen werden vom Vlies vor der Entwässerung zurückgehalten.

Bei einem kleinen, am Rand einer Hecke oder eines Beetes stehenden Gebäudes mit Pultdach kann man das Dachwasser direkt oder über die Ecke an einer Kette in das angrenzende Beet laufen lassen. Das Gefälle muss aber immer vom Gebäude weg zeigen, damit der Haussockel oder die Fundamente der Stützen nicht ständig im Wasser stehen.

Dachhaut für naturnah begrünte Dächer

Die Dachhaut ist die oberste Dichtungsbahn, die das Gebäude vor Regen und Schnee schützt. Sie kann aus den unterschiedlichsten Materialien bestehen, zum Beispiel einer Bitumenbahn (»Dachpappe«), Bitumenschindeln oder einer Folie. Während sich übliche Bitumenbahnen und -schindeln für eine Dachbegrünung niemals eignen, da sie an den Nähten von Wurzeln durchstoßen werden, kann eine vorhandene dichte Folie auf dem Dach, je nach Material und Dicke, unter Umständen als Dachhaut weiterhin genutzt werden.

Eine Bitumenbahn muss immer mit einer Folie abgedeckt werden. Die meisten Kunststoffe der Folien reagieren jedoch chemisch mit dem Bitumen, sodass erst eine Trennlage aufgelegt werden muss. Dies sollte ein dickeres Vlies (300 g/m²) sein, am besten dasselbe Material, das man auch zum Schutz der Folienoberseite verwendet (zum Vlies siehe ab Seite 58).

Man legt also erst das Vlies als Trennlage auf die Bitumenbahn. Darauf wird anschließend die neue Dachdichtung, am besten eine Teichfolie oder Dachbegrünungsfolie von etwa 1 Millimeter Dicke, aufgelegt. Diese ist (außer für Intensivbegrünungen mit Gehölzen) ausreichend wurzelfest.

Belastungen, die auf eine nackte Dachhaut wirken

Eine fachgerecht ausgeführte Dachbegrünung erhöht immer die Lebensdauer der Dachhaut. Nackt oder nur mit Kies bedeckt, ist sie vielen Belastungen ausgesetzt:

- ***Kälte:** Spannungsrisse entstehen besonders durch Temperaturunterschiede im Winter, wenn zum Beispiel ein Teil der Dachhaut noch unter einer Eisdecke liegt, ein anderer aber der Sonne ausgesetzt ist. Dabei können Temperaturunterschiede von bis zu 40 °C entstehen.*
- ***Hitze:** Aus Bitumenbahnen verdampfen im Sommer die leicht flüchtigen Öle. Dadurch werden die Bitumenbahnen spröde und es entstehen Risse.*
- ***UV-Strahlung:** Dachfolien sind gegen UV-Strahlen stabilisiert, allerdings nur für maximal 3000 Sonnenstunden (je nach Gegend 12 bis 15 Jahre). Sie werden spröder und rissig.*
- ***Mechanische Belastung:** Auch mit Kies gedeckte Dächer sind nicht vor mechanischen Belastungen gefeit. Vormals runde Kiesel können bei Frost platzen und die scharfen Kanten bohren sich bei Trittbelastungen in die Folie.*

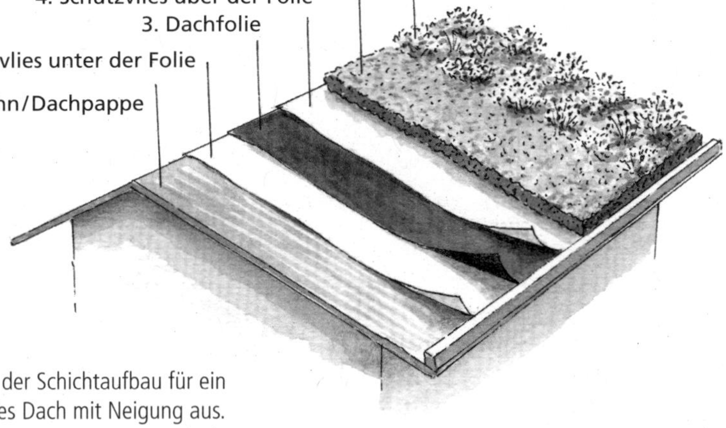

So sieht der Schichtaufbau für ein begrüntes Dach mit Neigung aus. Flachdächer werden genauso aufgebaut.

Spezielle Wurzelschutzfolien sind geprüfte Dichtungsbahnen, die das Einwachsen der Wurzelspitzen verhindern. Sie wurden für Intensivbegrünungen entwickelt, wo erhebliche mechanische Belastungen durch verholzende Wurzeln entstehen, besonders wenn sich die Bewegungen der Pflanzen im Wind als Reibung auf die Wurzelschutzbahn übertragen. Bei extensiven und naturnahen Dachbegrünungen mit geringerer Schichtdicke sind sie nicht notwendig. Dort bildet sich auf der obersten Schutzlage, dem Vlies, in der Regel ein dichter Wurzelfilz, der aber keinen Schaden verursacht, weil die Wurzeln der in diesem Buch empfohlenen Pflanzen nicht durch die Folie dringen. Deshalb reichen dort normale Teichfolien von 1 Millimeter Stärke aus. Auch die Teichfolien werden von den Pflanzenwurzeln nicht angegriffen und sind viele Jahrzehnte haltbar, sofern sie immer vor UV-Licht geschützt sind.

Auf die Dachbegrünungsfolie wird bei flachen und flach geneigten Dächern dann ein weiteres Vlies (mindestens 300 g/m²) gelegt.

▹ Einkaufstipps für Folie

Undichte Stellen entstehen besonders an Nähten, wo Folienbahnen überlappen und geklebt oder per Heißluft miteinander verschweißt werden müssen. Deshalb verwendet man bei kleineren Dächern möglichst nur eine einzige Folienbahn von passender Breite und Länge. Ist das nicht möglich, muss man sich in die Technik des Verklebens oder Verschweißens gut einweisen lassen oder diese anspruchsvolle Arbeit einem Dachdecker überlassen. Kaufen Sie Folie nur dann am Stück, wenn sie zu Ihrem Dachmaß passt.

Die häufigsten Dichtigkeitsprobleme an Dachhäuten entstehen an Durchlässen. Dort muss sehr sorgfältig mit speziellen Bauteilen und zusätzlichen Folienstreifen sowie geeigneten Klebern gearbeitet werden. Bei Nebengebäuden gibt es in der Regel weder Schornsteine noch Entlüftungsrohre oder Dachantennen. Nur Gullys müssen dort fachgerecht eingepasst und abgedichtet werden. Dafür gibt es im Fachhandel (Dachdeckerbedarf) passende Bauteile, die sich auf die Folie kleben lassen.

Alle Dachfolien, die wurzelfest sind und sich für eine Dachbegrünung eignen, sind in Herstellung und Entsorgung nicht wirklich umweltfreundlich. Sie werden jedoch von den Wurzeln und Mikroorganismen im Pflanzsubstrat gut vertragen, sind also nicht giftig für Lebewesen. Man kann sich leider nur zwischen mehr oder weniger umweltbelastenden Materialien entscheiden.

Bei kleinen Nebengebäuden ist es am einfachsten, eine 1 Millimeter starke Teichfolie passender Breite zu kaufen. Im Baumarkt bekommt man meist nur PVC-Folien, doch es gibt auch PE- und Kautschuk-Folien, deren Umweltbilanz deutlich besser ist. Umweltgerecht und naturnah arbeitende Naturgarten-Fachbetriebe arbeiten ausschließlich mit Kautschukfolie, und diese Folie möchten wir Ihnen empfehlen. Andere Materialien sind für die Begrünung von Wohngebäuden entwickelt worden und in kleinen Mengen oder für den Privatmensch meist kaum erhältlich. Zum Verarbeiten braucht man in diesem Fall meist spezielle Kleber oder Quellschweißmittel, die nur vom Fachmensch verarbeitet werden können. Sie werden dennoch der Vollständigkeit halber in der nebenstehenden Tabelle aufgeführt.

Gänzlich ungeeignet sind alle anderen Folien, die man zum Beispiel zum Abdecken oder Einwickeln benutzt. Sie werden im Außenbereich schnell spröde und undicht. Ebenfalls ungeeignet ist sogenannte »Gärtnerfolie«, ein Bändchengewebe, da es wasserdurchlässig ist. LKW-Planen sind zwar extrem wasser- und reißfest, aber auch sehr schwer und teuer. Ob sie wurzelfest sind und wie sie mit der natürlichen Bodenchemie reagieren, wurde nie geprüft.

Unser Tipp

Beim Kauf eines neuen Gartenhauses sollten Sie fragen, ob Sie die im Lieferumfang enthaltenen Bitumenschindeln oder Bitumenbahn gegen ein passendes Stück Teichfolie von 1 Millimeter Dicke sowie die doppelte Vliesmenge (300 g/m^2) tauschen können. So müssen Sie die überflüssige Bitumenbahn nicht entsorgen und sparen Geld.

Wurzelfeste Folien für Dachbegrünungen

Bezeichnung	Material (empfohlene Dicke)	Vorteile	Nachteile
Teichfolie	Polyvinylchlorid, PVC (1 mm)	überall erhältlich; alle untereinander chemisch verträglich; preiswert	nicht bitumenverträglich; bei Herstellung und Entsorgung gesundheits- und umweltschädlich
Teichfolie	Polyethylen, PE (1 mm)	umweltfreundlich in Herstellung und Entsorgung	etwas teurer; meist nur im Fachhandel erhältlich
Kautschukfolie	Latex aus Pflanzen und Hilfsstoffen (1,2 mm)	umweltfreundlich; sehr dehnfähig	sehr schwer; relativ teuer
EPDM-Folie (Ethylen-Propylen-Dien-Kautschuk)	synthetischer Kautschuk aus 90 % Ton und chemischen Hilfsstoffen (1,2 mm)	für Flachdächer entwickelt; wurzelfest; sehr haltbar; bitumenverträglich; relativ umweltfreundlich	Folien unterschiedlicher Hersteller nicht untereinander verarbeitbar; Lösungsmittel für Quellverschweißung nötig
ECB-Folie (Ethylen-Copolymer-Bitumen)	Bitumen mit Glasvlieseinlage (1,8 mm)	für Flachdächer und Dachgärten; Bahnen gut zu verschweißen	relativ dick, schwer und teuer

So prüfen Sie, ob die vorhandene Dachhaut dicht ist

Voraussetzung für lange Freude am begrünten Dach ist die Dichtigkeit des Dachs. Eine vorhandene Dachhaut sollte vor der Begrünung genau geprüft und gegebenenfalls erneuert werden.

Zum Prüfen eines flachen Garagendachs räumt man den gesamten Kies ab, säubert das Dach und verstopft den Gully mit einem Lappen, Deckel oder Ähnlichem. Dann flutet man das Dach bis zum Rand mit dem Gartenschlauch und prüft nach einigen Stunden, ob irgendwo an Decke oder Wänden im Innern des Gebäudes Wasser auftaucht. Es kann mitunter sogar Tage dauern, bis eine Undichtigkeit sichtbar wird. Meist erscheinen die Wasserflecken oder -tropfen auch an ganz anderen Stellen, als man vermuten würde. Die Stelle, an der das Dach undicht ist, muss deshalb nicht direkt über der feuchten Decke oder Wand sein. Bei geneigten Dächern ist eine Dichtigkeitsprüfung schwieriger. Dort kann man nur eine Dauerberegnung abwarten oder mit dem Gartenschlauch simulieren.

Unentbehrlich: Vliese und Matten

Im Erd-, Haus- und Gartenbau werden verschiedene Vliesstoffe zum Stabilisieren, Schützen, Trennen oder Dränieren verwendet. Es handelt sich dabei um unterschiedlich dicke Wirrgewebe aus Kunststofffasern (Polyester, Polypropylen, Polyethylen oder Polyamid). Man bekommt sie in kleinen Mengen im Baumarkt, in größeren Mengen und verschiedenen Breiten von der Rolle im Baustoffhandel und bei Spezialisten für Teichbau und Dachbegrünungen (ausgewählte Bezugsquellen siehe Seite 186). Je nach Dicke (in g/m^2) und Verwendungszweck werden sie Geovlies, Drainagevlies, Schutzvlies, Unkrautvlies oder Gemüsevlies genannt.

Für die Dachbegrünung benötigt man ein Schutzvlies unter der Dachbegrünungsfolie, das diese an der Unterseite vor Beschädigungen schützt. Es sollte etwa 300 g/m^2 wiegen, um seinen Zweck als Trennlage zu erfüllen. Die einzelnen Vliesbahnen werden mit 10 Zentimeter Überlappung eben ausgelegt und an den Rändern abgeschnitten. Das untere Schutzvlies sollte niemals an den Rändern des Dachs hochgezogen werden, denn es saugt Feuchtigkeit an, die durch die Dochtwirkung unter die Folie geraten kann.

Ist die Dachbegrünungsfolie auf dem unteren Schutzvlies verlegt, folgt zum Schutz der Folienoberseite eine zweite Lage Vlies (300 g/m^2), deren Bahnen ebenfalls mit Überlappung ausgelegt werden. Das obere Vlies schützt nicht nur die Folie vor Beschädigungen. Es hält auch das Regenwasser zurück und wird von den Pflanzen durchwurzelt. Durch seine Rauigkeit verhindert es auf flach geneigten Dächern, dass Substrat abrutschen kann.

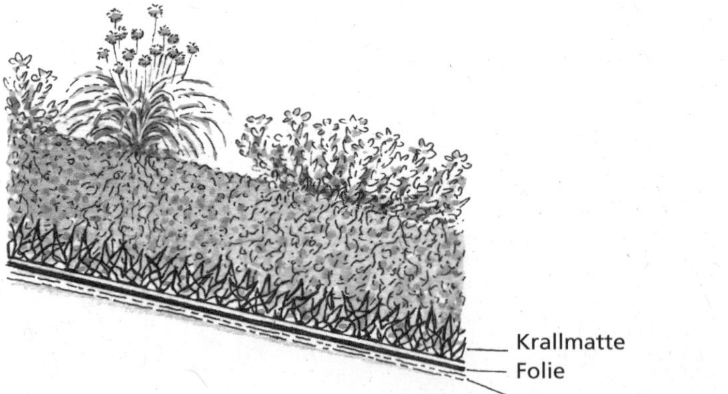

Krallmatten werden bei steilen Dächern anstelle des oberen Schutzvlieses verlegt. Die raue Oberfläche aus Kunststoffschlingen hält die Substratteilchen fest und wird auch von den Pflanzen bewurzelt.

Das obere Vlies wird an den Dachrändern 4 bis 5 Zentimeter hochgeschlagen. Würde es über das Substrat herausschauen, zöge es Wasser wie ein Docht aus dem Substrat heraus.

An der Traufe oder am Gully sollte man das obere Schutzvlies aber großzügig überhängen lassen, denn es dient dort auch als Drainagevlies für die Kiespackung (siehe dazu mehr auf Seite 50).

Reststücke der Vliesbahnen benutzt man für die Drainage und als Unterlage größerer Steine oder besonders belasteter Dachstellen, zum Beispiel unter den Ständerfüßen von PV-Modulen, die durch Auflast gehalten werden.

Unser Tipp

Ist Vlies übrig geblieben? Das ist kein Schaden, denn Vliese, die für eine Dachbegrünung genutzt werden, können im Garten vielfältig eingesetzt werden. Man kann sie in einen Folienteich unter die Vegetationsschicht legen, um die Teichfolie zu schützen. In Hochbeeten und Kübeln dienen sie als Trennschicht zwischen Drainage und Pflanzerde. Auch als Winterschutz zum Umwickeln empfindlicher Pflanzen und Kübel eignen sie sich gut. Bedenken Sie diese Einsatzmöglichkeiten und kaufen Sie gegebenenfalls gleich mehr Vlies ein, als Sie für die Begrünung des Daches brauchen.

Bei größeren Dachneigungen (ab 10 bis 15 Grad) wird das obere Vlies durch eine Krallmatte ersetzt. Diese Matte besteht aus einem Vlies, in das Schlaufen aus Kunststoff gewebt sind (ähnlich wie bei einem Frotteestoff). Die Kunststoffschlaufen hindern das Substrat am Abrutschen vom Dach.

▹ Die benötigten Mengen an Folie und Vlies berechnen

Um zu berechnen, wie viel Folie Sie benötigen, addieren Sie zur Dachlänge und Dachbreite jeweils die doppelte Höhe des Dachrandes hinzu. So können Sie die Folie an den Dachrändern hochschlagen. Kalkulieren Sie weitere 5 bis 10 Prozent als Sicherheitszugabe, denn Folien dehnen sich bei Wärme aus und ziehen sich bei Kälte zusammen.

Die benötigte Vliesmenge ist abhängig von der Breite der Vliesbahnen. Beachten Sie, dass sich Vliesbahnen, die nebeneinander gelegt werden sollen, etwa 10 Zentimeter überlappen müssen. Für die Kieswurst als Traufdrainage muss die obere Vliesbahn etwa 150 Zentimeter über die Traufe hinausragen. Für beide Vlieslagen braucht man also Mengen, die etwa zweieinhalbmal der Dachfläche entsprechen. Beim Vlieskauf sollte man großzügig sein, denn Vlies kann man auch anderweitig gebrauchen (siehe oben).

Entsorgung und Recycling

Wird ein bestehendes Dach vor der Begrünung abgedeckt, fallen Materialien an, die entweder entsorgt werden müssen oder anderweitig im Garten genutzt werden können. Für alte Kiesschüttungen von Garagendächern bietet es sich an, den Kies zu waschen und zumindest teilweise als Drainagekies auf dem Dach wiederzuverwenden. Sollte die Dachhaut undicht sein und eine neue vor der Begrünung vom Dachdecker montiert werden, entsorgt er die alte in der Regel fachgerecht. Für Heimwerker gelten dieselben Regeln bei der Entsorgung!

Eternitplatten

Asbesthaltiges Eternit muss von einem Spezialunternehmen abgebaut und entsorgt werden. Sie selbst sollten noch nicht einmal ein kleines Loch dort hineinbohren, geschweige denn, selbst abmontieren! Wer die Arbeiter der Entsorgungsfirmen in Schutzanzügen und mit Atemmasken dabei schon einmal beobachtet hat, ahnt, um welch gefährlichen Stoff es sich dabei handelt. Einzelne Asbestfasern reichen aus, noch Jahrzehnte nach dem Einatmen unheilbare Tumore in Lunge oder Rippenfell zu bilden. Diesem Risiko sollten Sie sich niemals selbst und auch niemanden anderes aussetzen, zumal es auch noch streng verboten ist.

Auch gebrauchte Platten dürfen nicht mehr wiederverwendet werden, sobald sie abmontiert wurden. Kommen Sie bitte auch nicht auf die Idee, die Platten zu verschenken, weil Ihr Bekannter damit sein Brennholz abdecken möchte – auch damit machen Sie sich strafbar.

Unter dem Namen »Eternit« gibt es seit den 1990er-Jahren Wellplatten, die ohne Asbest verarbeitet wurden (Kennzeichnung »AF«). Alte und neuere Platten können nur Dachdecker und Spezialfirmen für Asbestentsorgung sicher unterscheiden. Über die Wirkung der in asbestfreien Platten enthaltenen, in Form und Länge ähnlich aufgebauten mineralischen Fasern liegen uns keine gesicherten Kenntnisse vor.

Dachpappen

Seit etwa 1950 enthalten Dachpappen Bitumen und gehören zu den unbedenklichen Baureststoffen, die man beim Abfallverwerter abgeben kann.

Ältere Dachpappen enthalten meist Teer und damit krebserregende Kohlenwasserstoffe. Sie gehören damit zum Sondermüll und müssen extra entsorgt werden.

Ein Schnelltest mit weißem Heizungslack verrät, ob es sich um Teer handelt: Beim Bestreichen einer Schnittfläche färbt sich diese grün.

Alle Dachpappen müssen grob von anhaftender Erde und Pflanzen gereinigt werden, bevor sie zur Deponie gebracht werden. Da die Kosten meist in Kubikmetern berechnet werden, lohnt es sich, sie eng zusammenzurollen oder in gleichmäßigen Stücken zu stapeln.

Substratreste

Ab einer benötigten Menge von etwa einem Kubikmeter sollte man sich das Dachsubstrat in Big-Bags liefern lassen. Kleinere Mengen kann man auch in Säcken zu 40 Litern bekommen, die man direkt auf das Dach heben kann. Allerdings sind kleinere Gebinde in Relation zur Menge wesentlich teurer als große. So lohnt es sich, mit Restmengen zu kalkulieren, denn Dachsubstrat ist an vielen Stellen im Garten nützlich: Sie können es zum Lockern in lehmigen Boden mischen. In sandigen Böden erhöht es die Wasserhaltefähigkeit. Sie können Spezialbeete damit füllen, zum Beispiel für Sukkulenten oder winterharte mediterrane (Halb-) Gehölze oder Gewürzpflanzen. In Töpfen, Kübeln und Hochbeeten dient es als Drainageschicht. Ist von vornherein klar, dass größere Reste bleiben, sollten Sie nur die reine Lava-Bims-Mischung bestellen und die benötigte Humusmenge am Boden, in den Transporteimern, selbst untermischen. So können Sie den Humusanteil ganz nach Bedarf abmessen und für die Bepflanzung anpassen.

Unser Tipp: Lieferkosten sparen

Die Lieferkosten von Baustoffen sind manchmal höher als die Materialkosten. Überlegen Sie deshalb bei jeder Bestellung, was Sie noch für Haus und Garten benötigen.

Die passende Begrünung ausbringen

Ist das Dach soweit vorbereitet, sollte es möglichst bald ans Begrünen gehen, damit das Substrat gesichert ist. Bevor das Substrat auf das Dach aufgebracht wird, muss die Begrünungsmethode bereits feststehen. Daher hat man das Saatgut, die Sprossen oder die Kleintopfstauden nun bereitliegen.

Möchte man sich die Arbeit auf zwei Tage verteilen, wird am ersten Tag das Vlies aufgelegt und direkt mit dem Substrat bedeckt, damit es nicht wegfliegt. Dazu sollte es möglichst windstill sein. Man kann das Substrat auch leicht anfeuchten, damit es nicht staubt. Alle Dekorationselemente und Tierquartiere werden möglichst vor dem Begrünen eingebaut und gut gesichert.

Anschließend oder am nächsten Tag erfolgen die Begrünung und die Bewässerung. Letztere dient nicht nur den Pflanzen, sondern auch der Substratsicherung, denn nasses Substrat ist schwerer und haftet aneinander. Die Arbeitsschritte »Begrünen« und »Bewässern« sollten deshalb an einem Tag ausgeführt werden.

Bei steilen Dächern arbeitet man beim Bepflanzen immer vom Giebel zur Traufe. Bei begehbaren Dächern arbeitet man immer von außen nach innen. Es ist sinnvoll, alle benötigten Materialien und Geräte in Eimern auf dem Dach zu verteilen, sodass man nicht übermäßig auf Begrüntes treten muss.

Begrünungsmethode: Saatgut – so wird es gemacht

Flachdächer lassen sich gut mit Saatgut begrünen. Steile Dächer sollte man dagegen nie flächig einsäen, sondern nur mit Sprossen belegen und eventuell die Fugen mit Einjährigen einsäen. Saatgut für naturnahe Dachbegrünungen sollten Sie nur von zertifizierten Herstellern beziehen. Deren Samenmischungen sind genau auf die unterschiedlichen Bedingungen (Substrathöhe, Besonnung, Klima) abgestimmt und enthalten nur die jeweils geeigneten heimischen Pflanzensamen im richtigen Mischungsverhältnis.

Die benötigte Samenmenge gibt der Hersteller an, meist sind es zwischen zwei und drei Gramm pro Quadratmeter. Weil Pflanzensamen in Gewicht und Größe stark variieren, kann nur ein Spezialist die richtige Mischung zusammenstellen. Die Unterschiede in Gewicht, Größe und Form der Samen bedingen auch, dass sich das Saatgut beim Transport stark entmischt. Sie müssen es daher vor dem Säen erneut gut mischen, am besten mit einer mehrfachen

Samenmischungen für Dachbegrünungen

Samenmischungen für Dachbegrünungen orientieren sich an der Artenvielfalt natürlicher Vorbilder, den Trockenrasen. Gute Mischungen beinhalten Grassamen zu etwa 40 (Gewichts-)Prozent und Kräutersamen zu etwa 60 (Gewichts-)Prozent.

Geeignete Gräser für sonnige Dächer sind Mittleres Zittergras (Briza media), Blaue Kammschmiele (Koeleria glauca), Blaugrüne Segge (Carex flacca), Harter Schaf-Schwingel (Festuca guestfalica) oder Wimper-Perlgras (Melica ciliata). Unter den Kräutern (meist etwa 30 Arten) finden sich Schönheiten wie Heide-Nelke (Dianthus deltoides) oder Gewöhnliches Sonnenröschen (Helianthemum nummularium).

Geeignete Gräser für den Halbschatten sind Schnee-Hainsimse (Luzula nivea) oder Nickendes Perlgras (Melica nutans). Unter den Kräutern (meist über 30 Arten) finden sich Seltenheiten wie Echter Frauenspiegel (Legousia speculum-veneris), Salbei-Gamander (Teucrium scorodonia), Rundblättrige Glockenblume (Campanula rotundifolia) oder Ruprechtskraut (Geranium robertianum).

Die Samen werden nicht der Natur entnommen, sondern auf geeigneten Böden in Deutschland, Österreich oder der Schweiz angebaut. Die Mutterpflanzen entstammen dabei Gebieten, die dokumentiert sind. Somit gelangen keine nicht heimischen oder züchterisch veränderten Pflanzen in die Mischung.

Menge feuchtem Sand (Bausand) in einem Eimer und mit der Hand, denn man verschätzt sich sonst gerne und sät zu viel.

Unser Tipp

Kaufen Sie Samenmischung nur bei spezialisierten Betrieben, die nur heimische Wildkräuter und -gräser aus gesicherten Herkünften für Dachbegrünungen anbauen und geordnet nach Standortbedingungen anbieten (ausgewählte Bezugsquellen ab Seite 186). Diese Samenmischungen können Sie auch mit unseren konkreten Beispielen in diesem Buch kombinieren. Alle anderen Samenmischungen sind völlig ungeeignet für alle Arten von Dachbegrünungen!

Ist das Dach betretbar, sät man an einem windstillen Tag, einmal in Längs- und danach ein zweites Mal in Querrichtung. Wird von einer Leiter aus gesät, wird das Ergebnis anfangs eher zufällig sein, aber die Pflanzen vermehren sich und erobern auch zunächst kahle Stellen.

Das fertig gemischte Saatgut ist bereit für die Aussaat (links) –
und nach den ersten Wochen sind die gekeimten Jungpflanzen im Herbst schon deutlich erkennbar

Unser Tipp

Weil das Keimen der Samen etwas dauert, kann man die Einsaat dort, wo das Substrat weniger als 15 Zentimeter dick ist, mit einer Sprossenmischung kombinieren. Die Sedum-Arten aus der Sprossenmischung finden auch später neben den Gräsern und Kräutern noch ihren Platz, die Menge darf nur nicht zu dicht gestreut werden, 10 bis 15 Gramm pro Quadratmeter reichen.

Danach drücken Sie das Saatgut mit einer Walze oder flachen Schaufel leicht an, damit die Samen Kontakt zum Substrat bekommen. Anschließend wird gewässert. Man verwendet dazu die Einstellung »Landregen« oder eine ähnliche sanfte Brause. Ein starker Strahl würde dazu führen, dass Substrat heruntergeschwemmt würde!

Unser Tipp

Zum Säen eignen sich vor allem die Monate März bis Juni und September bis Oktober gut.

Direkt nach dem Ausstreuen der Sprossen (links) – und eine etablierte Sprossenbegrünung nach sechs Jahren

Begrünungsmethode: Sprossen – so wird es gemacht

Sprossen eignen sich gut für Dächer mit geringen Lastreserven und Extensivbegrünung in sonniger Lage. Dafür gibt es spezielle Sprossenmischungen (Achtung: nur heimische Arten verwenden, siehe auch Seite 66). Dabei handelt es sich um Teilstücke verschiedener Sedum-Arten, aus denen sich wieder komplette Pflanzen entwickeln. Diese ungeschlechtliche Vermehrung ist bei diesen Pflanzen ganz natürlich und auch auf dem Dach recht erfolgreich, wenn ein guter Bodenkontakt hergestellt wird. Für flache und flach geneigte Dächer wählt man diese Mischungen, für Steildächer gibt es fertige Sedum-Matten, die sich dort besser eignen als die aufgestreuten Einzelsprossen.

Pro Quadratmeter Dachfläche brauchen Sie etwa 50 Gramm Sprossen. Die Sprossen werden von Hand auf dem Dach verteilt und anschließend mit etwas Substrat oder sterilem Kompost maximal einen Zentimeter hoch bedeckt. So stehen den ersten Wurzeln genügend Nährstoffe zum Weiterwachsen zur Verfügung und die Feuchtigkeit bleibt besser im Boden. Zusätzlich können Sie darüber eine Einsaat aus passenden einjährigen Pflanzen ausbringen (siehe Tabelle auf Seite 137). Dann wird das Dach so lange sanft beregnet, bis Wasser an der Traufe oder im Gully austritt. Wässern ist in den ersten vier bis sechs Wochen nötig, besonders wenn es trocken oder windig ist.

Unser Tipp

Sprossen kann man von April bis September ausbringen.

Achtung: Invasive Sedum-Arten unbedingt vermeiden!

Weißer Mauerpfeffer (Sedum album), Scharfer Mauerpfeffer (Sedum acre), Milder Mauerpfeffer (Sedum sexangulare) und Tripmadam (Sedum rupestre, Sedum reflexum) sind unsere heimischen Sedum-Arten, die auch von spezialisierten Insekten aufgesucht werden. Auch die nicht heimische Reichblühende Garten-Fetthenne (Sedum floriferum 'Weihenstephaner Gold'), eine Sorte, die auch noch im Halbschatten gut gedeiht, ist empfehlenswert. Bitte nutzen Sie alle anderen möglichst nicht! Kaufen Sie bitte auch keine einzelnen Sedum-Sorten.

Leider enthalten manche Sprossenmischungen im Handel auch invasive, nicht heimische Sedum-Arten sowie Sedum-Sorten.

Achtung: Die Kaukasus-Asienfetthenne (Sedum spurium, Phedimus spurius) und all ihre Sorten sowie Sorten, die sich aussäen, nennt das Bundesamt für Naturschutz auf seiner schwarzen Liste als invasiv. In Naturschutzgebieten mit Trockenrasen wurde diese Fetthenne schon mehrmals gesichtet und musste mit sehr viel Aufwand wieder entfernt werden.

Begrünungsmethode: Stauden und Zwerggehölze – so wird es gemacht

Pflanzen mit Wurzelballen zu setzen, ist die beste Methode, ein Dach naturnah und individuell zu gestalten. Dabei können Sie die Artenzusammensetzung, die Anzahl der Pflanzen und ihre Gruppierung genau und nach Ihren Wünschen vornehmen. Zwar wird sich auch eine gut geplante Bepflanzung durch die natürliche Entwicklung verändern, doch Ihre Gestaltung ist auch nach vielen Jahren noch sichtbar, besonders wenn Sie mit Pflanzengruppen, unterschiedlichen Substratdicken, Substratmischungen und Dekoration wie

Ästen und Stammstücken (sehr wichtig als Unterschlupfmöglichkeit, zum Beispiel für Laufkäfer und Spinnen) sowie Steinen arbeiten.

Für Dachbegrünungen werden häufig Pflanzen mit einer speziellen Ballenform und auf Platten, nicht in Einzeltöpfen, verwendet: die sogenannten Kleintopfstauden oder Flachballen. Diese Ballenform, die für flache Substratschichten entwickelt wurde, garantiert das Anwachsen aber nicht allein. Entscheidend ist, dass die Pflanzen in einem ähnlichen und ebenso mageren Substrat vorgezogen wurden, wie es für die Dachbegrünung verwendet wird!

Kleintopfstauden für die Dachbegrünung werden in speziellen Platten kultiviert

Substratstärken von 15 Zentimetern und mehr können auch mit Stauden in üblichen Topfballen bepflanzt werden (Topfdurchmesser 8 bis 9 Zentimeter). Auch in diesem Fall ist das Topfsubstrat entscheidend. Ist es zu fett (nährstoffreich), erleiden die Wurzeln im mageren Dachsubstrat einen Schock und vertrocknen. Speichert es zudem im Herbst mehr Wasser als das Substrat, frieren die Ballen im Winter hoch und schauen aus dem Substrat heraus, was im Sommer zum Vertrocknen führt. Deshalb sollte man auch hier nur auf Ware spezialisierter Gärtnereien zurückgreifen.

Vor dem Einpflanzen werden die Ballen aller Pflanzen einige Stunden oder über Nacht gut gewässert. So lassen sie sich leichter aus dem Topf oder aus der Platte lösen und die Wurzeln haben bessere Startbedingungen. Bevor man die Pflanzen auf das Dach bringt, sollten sie etwas abtropfen.

Je nach Substrathöhe sollten Sie über tragenden Wänden die Substratdicke auf bis zu 40 Zentimeter erhöhen und so kleine Substrathügel mit einer Einfassung aus Steinen oder Holzstücken schaffen (siehe auch Seite 124). Dort hinein können Sie auch anspruchsvollere oder höhere Stauden und sogar niedrige Ginsterarten (siehe Tabelle Seite 107) setzen.

Möchten Sie höhere Stauden oder niedrige Ginster pflanzen (Substratschicht ab 25 Zentimeter hoch, besser 30 Zentimeter), sollten Sie mit diesen beginnen. Diese Pflanzen werden in die Hügel gesetzt: Dazu nimmt man einen Eimer torffreie Pflanzerde mit Tonanteil mit aufs Dach und gibt jeder Pflanze davon eine Handschaufel voll extra ins Pflanzloch. Die Hügel umgibt man dann mit einer Einfassung aus Steinen oder Holzstücken.

Kleintopfstauden zum Einpflanzen vorbereiten

Größere Mengen an Kleintopfstauden erhält man direkt von der Staudengärtnerei in speziellen Platten mit Kassetten: Von einer einzigen Art sind das dann 50 oder 75 Stück pro Platte oder als Mischung 120 Stück in zehn verschiedenen Arten. Bei einem großen Dach hat man je Platte nur eine Pflanzenart.

Es ist jedoch schwierig, die verschiedenen Platten von einem Ort des Daches zum anderen zu tragen. Man kann die Pflänzchen auch nicht vorher auslegen, denn man würde sie kaum wiederfinden und etliche zertreten, weil sie so winzig sind. Deshalb mischt man die Arten am besten in den Platten am Boden vor und hebt sie erst dann auf das Dach.

Zum Austopfen werden die Wurzelballen der Kleintopfstauden mit dem Finger von unten durch das Abzugsloch hinausgestoßen. Sind sie einmal ausgetopft und nach dem Mischen wieder locker in ihre Kassette gesetzt worden, lassen sie sich auch durch Umkippen der Platte auf dem Dach einfach wieder lösen.

Übliche Topfballen richtig pflanzen

Vor dem Pflanzen sollten sich übliche Topfballen mit Wasser vollsaugen können. Dazu gießt man sie ein- bis zweimal kräftig und lässt sie über Nacht stehen. Nur Gehölze mit trockenem Ballen stellt man einige Stunden oder über Nacht in flache Schalen mit Wasser.

Zum Austopfen drückt man den Topf leicht zusammen und entfernt alle unerwünschten Gräser und Kräuter, die sich auf dem Topfballen angesiedelt haben. Dann dreht man den Topf um und entfernt Wurzeln, die aus dem Entwässerungsloch herausschauen. Dann löst man den Ballen vorsichtig aus dem Topf, indem man ihn umgedreht leicht schüttelt oder den Topfrand auf den Eimerrand stößt. Kräftige Stauden kann man auch leicht herausziehen, jedoch ohne etwas abzureißen.

Der Ballen wird anschließend etwas tiefer, als er im Topf stand, in das Pflanzloch gesetzt. Das Substrat wird von den Seiten her beigeschoben und leicht angedrückt.

Unser Tipp

Die Bepflanzung kann von März bis September erfolgen. Im Hochsommer sollte man einen bedeckten Tag wählen. Ist eine PV-Anlage geplant, montieren Sie Ständer und Kabelkanäle immer vor der Bepflanzung – und wenn möglich auch schon die Module. Kollidiert Letzteres mit der Bepflanzung, warten Sie mit der Montage der Module, bis alle Pflanz- und Bewässerungsarbeiten abgeschlossen sind. Im Sommer gegebenenfalls noch etwas länger, bis alle Pflanzen gut angewachsen sind, damit nichts zertreten wird.

Bevor alle weiteren Stauden gepflanzt werden, wird das Dach nach Wunsch mit Steinen, Holzstücken und Tierquartieren dekoriert. Ausgewählte Flächen können Sie auch mit einer dünnen Schicht Kalksplitt versehen. Die Tierquartiere werden befestigt oder beschwert. Steine, Holzstücke und Quartiere sollten immer einige Zentimeter tief in das Substrat gebettet und nicht nur obenauf gestellt werden. Das sieht natürlicher aus und ist zudem auch sicherer.

Hat man das Ganze in Ruhe aus allen Perspektiven für gut befunden, kann man die Kisten mit den restlichen Stauden auf das Dach stellen.

Beim weiteren Einpflanzen gehen Sie folgendermaßen vor:

Zuerst legen Sie an Stellen mit höherem Substrat die Pflanzen aus, die dort wachsen sollen, und pflanzen sie auch gleich ein – vergleichbar wie oben für die Substrathügel beschrieben.

Dann verteilen Sie die restlichen Stauden auf der flacheren Vegetationsschicht: dabei immer von außen nach innen arbeiten und abschnittsweise pflanzen, bis Sie in der Mitte angelangt sind:

Bei Stauden mit üblichen Ballen können Sie die Pflanzen in ihren Töpfen zunächst an die vorgesehenen Plätze stellen. Anordnungen in Gruppen von drei oder fünf Pflanzen sehen besonders natürlich aus. Die empfohlenen Pflanzabstände von 25 Zentimetern sollten dabei unbedingt eingehalten werden. Pro Quadratmeter benötigen Sie demnach 12 bis 15 Pflanzen.

Bei Kleintopfstauden benötigen Sie pro Quadratmeter 15 bis 20 Stauden. Man pflanzt sie am besten in Gruppen im Abstand von 10 bis 15 Zentimetern.

Dieses vorläufige Arrangement betrachten Sie dann aus allen möglichen Blickwinkeln und korrigieren es nach Bedarf. Erst dann werden die Pflanzen an Ort und Stelle ausgetopft und eingepflanzt. Eingepflanzte Stauden vertragen eine gewisse Trittbelastung, das passiert in der Natur auch ab und an.

Wenn es die Jahreszeit es zulässt (im September), können Sie anschließend noch Blumenzwiebeln setzen. Außerdem empfehlen wir, zum Schluss kurzlebige Arten zwischen die gepflanzten Stauden zu säen (siehe ab Seite 62).

Zum Einpflanzen der Stauden und Kleintopfstauden brauchen Sie keine »echten« Löcher zu graben, sondern können einfach mit dem Werkzeug das Substrat wegschieben, den Ballen einsetzen und das Substrat wieder beischieben. Wichtig ist, dass der Ballen etwas (einen Zentimeter) tiefer im Substrat sitzt, als er vorher im Topf gestanden hat!

Handschuhe tragen und stumpfes Werkzeug wählen

Zum Pflanzen im körnigen Dachsubstrat sollten Sie unbedingt feste Handschuhe tragen (zum Beispiel gummierte Gewebehandschuhe). Da man meist im Knien arbeitet, empfehlen sich auch Knieschoner, wie sie beim Fliesenlegen getragen werden. Als Werkzeuge eignen sich große Löffel, stabile Handschaufeln oder Maurerhämmer. Welches Werkzeug sich eignet und gut in der Hand liegt, probieren Sie am besten aus. Es darf jedoch auf keinen Fall spitze oder scharfe Ecken und Kanten haben, damit die Dachhaut nicht beschädigt wird. Außerdem brauchen Sie noch zwei leere Eimer, einen zum Aufnehmen entfernter Wurzeln und Unkräuter, den anderen zum Sammeln der leeren Pflanztöpfe.

Ist das Dach fertig bepflanzt und aufgeräumt, wird es ausgiebig gewässert, bis das Substrat vollständig mit Wasser gesättigt ist. Man benutzt dazu die Gießbrause am Schlauch, die auf feinen »Landregen« eingestellt ist, und überbraust das Dach so lange, bis das Wasser im Abfluss erscheint oder hörbar ist. Bei einem größeren Dach sollte man dafür zu zweit sein, sodass sich immer einer um den Schlauch kümmern und aufpassen kann, dass der Schlauch beim Schleifen über das Substrat keine Pflanzen herausreißt und das Saatgut nicht zu stark verzogen wird. Zweimal pro Woche muss der Vorgang etwa fünf Wochen lang wiederholt werden, falls es nicht genügend regnet.

Solardächer begrünen – so wird es gemacht

Pflanzen wachsen auch unter und zwischen Solarmodulen, sodass sich zumindest auf Flachdächern PV-Anlagen, die aufgeständert sind, und eine Dachbegrünung nicht ausschließen. Die teilweise Beschattung der Dachfläche, die im Tagesverlauf wandert, trägt sogar zu einer höheren Artenvielfalt auf dem Dach bei, als es bei gleichmäßiger Sonneneinstrahlung der Fall ist.

Je nach Himmelsrichtung, in die Dach und PV-Module zeigen, wird man hierfür ein humoseres Substrat, das besser das Wasser speichert, und eine Bepflanzung für halbschattige bis schattige Standorte aussuchen (siehe Beispiele Seite 120 und Seite 126). Auf solch einem Dach gibt es sowohl trockene wie nasse Bereiche als auch solche im Windschatten und andere mit mehr Wind. Dies schafft einen vielfältigen Lebensraum für viele unterschiedliche Pflanzenarten. Selbst bei gleichmäßig ausgebrachter Saatgutmischung wird bei diesen Standortvoraussetzungen ein Mosaik in der Artenverteilung entstehen. Bepflanzen Sie die Fläche, müssen Sie die Pflanzen entsprechend ihrer Bedürfnisse und Wuchshöhen passend innerhalb dieses vielfältigen Standortes pflanzen.

Für eine abwechslungsreiche Vegetation sollten die Module mindestens 30 Zentimeter hoch aufgeständert sein: Die Unterkanten der Module sollten also am niedrigsten Punkt mindestens 30 Zentimeter über der Oberkante des Dachsubstrates liegen. Dies verhindert, dass die niedrige Vegetation die Module verschattet. Außerdem braucht man für eine einfache Erreichbarkeit und Pflege der Pflanzen sowie die Wartung der PV-Anlage mindestens 60 cm, besser 80 – 100 cm Abstand zwischen den Modulreihen. Je größer der Abstand ist, desto mehr Licht bekommen die Pflanzen.

Wohin mit übrig gebliebenen Dachpflanzen?

Sind noch Dachbegrünungspflanzen übrig geblieben? Oder möchten Sie weitere Magerstandorte in Ihrem Garten schaffen, um Pflanzen und Tieren neue Rückzugsräume zu bieten? Dann gibt es noch viele weitere Möglichkeiten:

Magere und sonnige Beete nach dem Vorbild einer Dachbegrünung können auch auf einer Mauer oder zwischen zwei Mauern entstehen.

Sogar Gabionen kann man so begrünen. Dazu legt man die Steine an der Außenseite der Gitterkörbe etwa 15 Zentimeter höher, sodass in der Mitte eine kleine Wanne entsteht. Mit Vlies ausgekleidet und mit Dachsubstrat und Kompost gefüllt, können dann die zum Standort und Substrat passenden Dachpflanzen hineingesetzt werden. Je dicker die Substratauflage und je höher der Kompostanteil, desto schattenliebender dürfen die Pflanzen sein.

Der Sauberkeitsstreifen am Haus lässt sich ebenfalls problemlos mit Dachpflanzen verschönern. Man nimmt die Kiesel, die zwischen Fassade und Betonkante liegen (und was sich darunter verbirgt), so heraus, dass ein Beet von 12 Zentimeter Tiefe in der Sonne und 20 Zentimeter im Schatten entsteht. Darauf kommen ein Vlies und das passende Substratgemisch für sonnige oder schattige Standorte. Nun kann man geeignete Dachpflanzen setzen und gut angießen. Um die Fassade muss man sich dabei nicht sorgen, denn das Substrat spritzt bei Regen nicht an die Hauswand. Eine zur Fassadenfarbe passende Mulchdecke aus Splitt, Steinen oder kleinen Kieseln sieht aber trotzdem schön aus. Nach den ersten Wochen Anfangspflege reicht es selbst bei großen Dachüberständen aus, wenn solche Beete nur ab und zu gegossen werden.

Sicher gibt es auch noch viele andere Standorte, an denen Dachpflanzen gut gedeihen. So kann man auf einer gepflasterten Terrasse einzelne Platten entnehmen und den Sand oder Splitt entfernen. Auf die Tragschicht füllt man dann Dachsubstrat auf und pflanzt die passenden Dachstauden ein. Auf diese Weise entstehen Schachbrettbeete, die einer öden Steinfläche Leben verleihen. Wer die Dachpflanzen auf Augenhöhe erleben möchte, kann ein Tischbeet, einen Kübel oder Hochbeete damit begrünen.

Auf Dächern mit PV-Modulen eignet sich eine Mischform aus Einsaat (Saatgut oder Sprossen) und Bepflanzung mit Stauden sehr gut. Vor den aufgeständerten Modulen sollten niedrig wachsende Arten stehen. Darunter und dahinter können es auch höhere Stauden sein. Bei mehrreihiger Anordnung der Module sollte der Gang zwischen den Modulen ebenfalls mit niedrigen, trittfesteren Arten begrünt sein. Man kann auch Schrittplatten verlegen und dazwischen pflanzen oder säen. Je höher die Ständerkonstruktion ist und je weiter die Abstände zwischen den Modulen sind, desto größer ist die Artenauswahl.

An wartungsintensiveren Stellen wie der Verkabelung ist ebenfalls eine trittfeste niedrige Vegetation von Vorteil. Doch häufiger als einmal im Jahr (am besten im Spätsommer oder Frühherbst) wird man nicht auf das Dach steigen müssen, da sich die Module durch den Regen von selbst reinigen. Bei Schneelast ist ein Betreten ohnehin nicht erlaubt, weil das die Lastreserven der allermeisten Dächer dann überschreiten würde!

PV-Dächer dürfen nicht mit Kletterpflanzen berankt werden. Wenige Blätter über den Modulen reichen, deren Leistung massiv einzuschränken. Auch sollten Befestigungskonstruktion und Leitungen frei von Bewuchs gehalten werden.

An der Fassade eines Hauses mit Solaranlage dürfen nur Kletterpflanzen wachsen, die wenig wüchsig sind, die eine Rankhilfe benötigen und durch diese im Wuchs gelenkt werden. Selbstklimmer wie Wilder Wein und Efeu, aber auch hoch wachsende Spreizklimmer wie viele Kletterrosen eignen sich nicht. Am besten sucht man sich eine zur Gebäudehöhe, Himmelsrichtung und Bodenbeschaffenheit passende Kletterpflanze aus und bringt ein speziell zu ihrer Klettertechnik passendes Gerüst an. Es sollte maximal auf Oberkante Fensterhöhe enden und gut mit einer Leiter erreichbar sein. So lässt sich der Wuchs der Kletterpflanze gut kontrollieren (siehe auch im Buch »Grüne Wände für Haus und Garten« von Brigitte Kleinod).

Moose ansiedeln – so wird es gemacht

An schattigen Standorten siedeln sich auf Dächern ganz von selbst Moose an. Das dauert einige Jahre, weil Algen und Flechten als Wegbereiter nötig sind. Sie bilden das Polster, an dem die Moose Halt finden und werden dann zu Humus, der die Moose ernährt.

Man kann das beschleunigen, indem man einen glatten Untergrund aufraut oder ein dickeres Vlies auflegt und anschließend eine Mischung aus zerriebenen Moosen und Joghurt, Buttermilch oder Tapetenkleister aufträgt. Danach sollte es am besten einige Tage lang nicht regnen, damit die Mischung besser haftet. Moospolster kann man im eigenen Garten auch von Steinen und Mauern ablösen und gezielt auf dem Dach auslegen. Dafür eignen sich jedoch nur solche, die von steinigen Untergründen abgelöst wurden. Moose, die nur auf holzigen Unterlagen oder Erde wachsen, können auf dem Dach nicht gedeihen.

Legt man die Moosstücke einfach auf das Dach, werden sie beim nächsten Starkregen heruntergespült. Deshalb schüttet man vorher eine dünne Schicht Rindenhumus oder sterilen Kompost auf die Dachfläche und drückt die Moospolster hinein. Ein anschließend aufgelegtes und an den Rändern beschwertes Gemüsevlies ist im ersten Sommer sehr hilfreich. Es verhindert, dass die Moose fortgeweht werden und zu schnell austrocknen. Bei einem geneigten Dach sollten Sie vorher eine zum Profil passende, wenige Zentimeter hohe Vorderkante oder ein entsprechend zurechtgesägtes Brett anbringen. Das verzögert den Wasserabfluss und schützt Substrat sowie Moose vor dem Herunterrutschen bei Starkregen oder dem Austrocknen im Sommer.

Hat sich das Dachmoos erst einmal etabliert, treibt es auch nach Trockenphasen zuverlässig wieder aus. Wer keine Moose zur Verfügung hat, kann eine Mischung aus verschiedenen Arten von »Dachmoosen« in Stücken oder als Moosmatten kaufen.

Moose eignen sich gut für Dächer aus Ziegeln oder aus zementgebundenen Faserplatten, die keine großen Lasten aushalten. Auch unter Bäumen passen sie gut, denn Moose tolerieren in der Regel den Laubfall. Zu lange sollten jedoch keine dicken Laubschichten auf dem Dach liegen, denn dann bildet sich eine dicke Humusauflage, die das Dach überlasten kann und in der Gehölzsamen gut keimen können.

Unser Tipp

Um Moose anzusiedeln, eignet sich sicherlich der feuchte Herbst am besten, doch kann man jede Jahreszeit nutzen, wenn man gerade Moospolster zur Verfügung hat. Im Sommer muss das Moos aber anfangs feucht gehalten werden.

Selbst frühe Krokusse in dieser Blütenpracht gedeihen auf einem Dach, wenn das Substrat mindestens 20 Zentimeter dick ist

Die Begrünung im Überblick – Schritt für Schritt

- *Die zulässige Dachlast prüfen (gegebenenfalls Dach verstärken).*
- *Die passende Begrünung und Substrathöhe wählen (Mengen berechnen).*
- *Eine passende Aufkantung am Rand bauen.*
- *Entwässerung überprüfen und anpassen.*
- *Schutzvlies oder Trennlage auflegen.*
- *Neue Folie auflegen, an den Rändern hochschlagen und an Durchlässen eindichten.*
- *Bei größeren Dächern ab 30 Quadratmetern für die Entwässerung eine Drainagematte flächig oder in Streifen auf der Folie verlegen.*
- *Zweites Schutzvlies auflegen.*
- *Ab 10 Grad Neigung eine Krallmatte anstelle des zweiten Schutzvlieses auflegen.*
- *Ab 15 Grad Neigung Schubschwellen befestigen.*
- *Kiesdrainage um den Gully oder vor der Traufe herstellen (gegebenenfalls auch an anderen Dachrändern).*
- *Substrat aufbringen (passend zur Dachlast und Bepflanzung).*
- *Dekoration, Substrathügel und Tierquartiere platzieren, gut befestigen.*
- *Begrünen durch Säen, Sprossenstreuen und Bepflanzen.*
- *Erste Bewässerung (dabei noch mal Abfluss prüfen).*
- *In den ersten vier bis sechs Wochen regelmäßig etwa zweimal pro Woche bewässern (je nachdem, ob und wie viel es regnet).*

Flachdächer und flach geneigte Dächer – Besonderheiten in der Vorbereitung

Als Flachdach gilt ein Dach, wenn es ein Gefälle von weniger als 2 Prozent hat.

Ein begrüntes Flachdach gleicht einem flachen Pflanzkasten oder einem Tischbeet. Man braucht eine wasserdichte Unterseite, unter Umständen ein leichtes Gefälle zu einer Entwässerung hin und einen stabilen, wasserdichten Rand in der gewünschten Höhe.

Der Aufbau für die Begrünung folgt überwiegend der einschichtigen Bauweise (siehe Seite 34). Nur in niederschlagsreichen Gegenden sollte man zweischichtig mit Drainageschicht oder mit einer Drainagematte bauen (siehe ab Seite 35).

Ist ein Gefälle von 2 bis 5 Prozent vorhanden, spricht man bereits vom flach geneigten Dach. Dort läuft überschüssiges Wasser im körnigen Dachsubstrat ab, ohne dass man dafür eine extra Drainageschicht benötigt. Der Substrataufbau ist daher ebenfalls einschichtig.

Vor allem Garagen, Carports und Mülltonnenbehausungen haben flache oder flach geneigte Dächer. Im Folgenden erfahren Sie, welche Besonderheiten es bei diesen in der Vorbeitung für eine Begrünung gibt.

Unser Tipp

Beim Neubau von Nebengebäuden, die begrünt werden sollen, ist es am sinnvollsten, ein Flachdach zu wählen, das mit 2 bis 5 Prozent Gefälle zu einem Gully hin verläuft. Am besten liegt der Gully dann an einer Ecke, die sich für ein Fallrohr und gegebenenfalls eine Regentonne eignet. Bei Fertiggaragen und Wohnhäusern hat man darauf jedoch leider keinen Einfluss.

Garagen

Garagen am Einfamilienhaus sind in der Regel separat gemauerte oder als Fertiggaragen in Beton gegossene Nebengebäude. Üblicherweise haben sie ein flaches Dach, oftmals mit einem leichten Gefälle von etwa 2 Prozent zur Entwässerung hin. Sie eignen sich hervorragend für eine Begrünung in einschichtiger Bauweise. Das Herstellen eines Gefälles mittels PU-Schaumplatten oder Ähnlichem halten wir für überflüssig, denn einige Millimeter stehendes Wasser auf einem ebenen Dach werden vom Substrat schnell aufgenommen.

Die Betondecke eines Garagendachs hält in den meisten Fällen maximale Belastungen von 2,5 kN/m² und mehr. Zieht man davon im Sommer die Schneelast von 0,75 kN/m² beziehungsweise im Winter die Verkehrslast (im Mittel ebenfalls 0,75 kN/m²) ab, verbleiben als Lastreserve für die Begrünung 1,75 kN/m². Das entspricht etwa 175 Kilogramm pro Quadratmeter für das wassergesättigte Substrat plus Pflanzen und reicht für eine naturnahe Begrünung aus (siehe auch Tabelle auf Seite 46).

Der Dachrand (die Attika) der Garage ist in der Regel 10 bis 15 Zentimeter erhöht, sodass eine Wanne entsteht. Ist dieser Rand für die gewünschte Substrathöhe zu niedrig, kann man ihn relativ einfach mittels aufgeschraubter Holzbalken oder Schwellen aus Lärchen- oder Eichenholz erhöhen oder mit Steinen aufmauern. Die Dachdichtung besteht bei älteren Garagen aus Bitumenbahnen, die an den Nähten verschweißt wurden. Zum Schutz des Bitumens vor Sonneneinstrahlung liegt eine Kiesschicht darüber. Moderne Dachdichtungsbahnen gelten auch ohne Kiesabdeckung als UV-stabil. Die Entwässerung ist meist als Eckgully ausgeführt, der in einem außen angebrachten Fallrohr mündet.

Unser Tipp

Überlegen Sie vor der Begrünung, ob Sie den vorhandenen Regenwasserabfluss von der Einleitung in den Kanal trennen und stattdessen das abfließende Wasser in einer Tonne auffangen oder im Garten versickern lassen wollen. So sparen Sie die gesamte Abwassergebühr für die Dachfläche.

Vor der Begrünung muss vorhandener Kies abgeräumt werden. Teile davon kann man säubern und für den Kiesrand des Daches wiederverwenden. Den Rest kann im Garten nutzen, zum Beispiel für einen Sickerschacht.

Das blühende Dach geht nahtlos in den Garten über – die üppigen Königskerzen stehen bereits im Gartenboden

Das Garagendach nutzen und in den Garten einbeziehen

Garagen stehen meist neben dem Wohngebäude und werden daher nur den halben Tag lang besonnt, weil das Wohnhaus und die Nachbarhäuser Schatten werfen. Es gibt aber auch Garagen, die vor einem nach Süden zeigenden Haus angeordnet sind.

An der Grundstücksgrenze stehend, dürfen Einzelgaragen nicht als Terrasse genutzt werden. Doppelgaragen kann man unter Umständen teilweise als Dachgarten nutzen, sofern sie über einen Fallschutz verfügen. Dies muss man jedoch beim Bauamt beantragen.

Ist das Grundstück am Hang gelegen, kann man die Garage oftmals in den Vorgarten integrieren und dann auch begehen. Ist die Garage in den Hang gebaut, sind ihre Wände wesentlich massiver, um den Hangdruck aufzufangen. Und auch das Dach ist für höhere Lasten ausgelegt. So kann das Dach meist mit einer dicken Substratauflage intensiv begrünt und in die Vorgartengestaltung einbezogen werden.

Nach dem Abräumen säubert man die alte Dachhaut von grobem Schmutz, der nicht in die Entwässerung gelangen und diese verstopfen sollte. Eine Dichtigkeitsprüfung der Folie kann man sich in der Regel sparen, denn es sollte fast immer eine neue Folie als Dachhaut aufgelegt werden. Einzige Ausnahme: Die Dachhaut ist noch in einem guten Zustand.

Unser Tipp

Solange noch kein Schutzvlies auf der neuen Folie liegt, müssen Sie besonders darauf achten, dass die Folie nicht durch Steinchen in den Schuhsohlen, spitze Gegenstände wie Nägel und Schrauben, Werkzeuge und Ähnliches beschädigt wird!

Nachdem die neue Dachhaut aufgelegt wurde (oder die gut erhaltene liegen bleiben durfte), prüft man ältere Dächer immer auf zügige Entwässerung und Unebenheiten. Dazu verstopft man den Abfluss und füllt mehrere Zentimeter Wasser auf. Danach öffnet man den Verschluss des Gullys und prüft dessen Durchgängigkeit. Das Wasser muss zügig abfließen, andernfalls muss man den Gully reinigen oder austauschen.

Dort, wo auf dem Dach Pfützen stehen bleiben, werden nach einer Begrünung auch die Pflanzenwurzeln längere Zeit im Wasser stehen. Kleinere Pfützen bis etwa 2 Zentimeter Tiefe kann man tolerieren, denn das saugfähige Substrat wird das Wasser bald aufsaugen. Tiefere und größere Wasserlachen können jedoch die Vegetation schädigen, besonders wenn es sich um humusreiches Substrat handelt. Deshalb ist ein grobkörniges und durchlässiges Substrat an diesen Stellen besonders wichtig, es wirkt zugleich als Wasserreservoir.

Das Schutzvlies wird anschließend auf die neue Dachhaut gelegt: Es wird nicht an den Dachrändern hochgezogen, sondern nur plan aufgelegt. So kann bei hoher Luftfeuchtigkeit kein Kondenswasser unter das Vlies kriechen.

Dann wird die Dachbegrünungsfolie aufgelegt und an den Rändern bis zur Oberkante des geplanten Substrataufbaus hochgezogen. So kann man sie mit passenden Klemmschienen oder Aluminiumleisten befestigen und abdichten. Auf keinen Fall darf Wasser unter die Folie kriechen. Bei einem Rand aus Holzschwellen kann man dazu einfach ein weiteres Brett aufschrauben, sodass die Folie am Rand festgehalten und abgedeckt wird. Die Falten der Folie schlägt man um, ohne die Folie zu beschädigen.

Anschließend werden Vlies und Folie rund um den Gully ausgeschnitten, dann wird der Gully mit einem passenden Kragen aus Kunststoff oder

Dachbegrünung auf 30 Zentimeter dickem intensiven Dachsubstrat:
Der auf dem Dach vorhandene Kies (16/32 mm) wurde als Entwässerungsstreifen eingebaut und nicht bepflanzt.
Gestaltet wurde außerdem mit viel Totholz, auch für Eidechsen, die von einer Seite auf das Dach klettern können.

einem Stück aufgeklebter Folie eingedichtet. Besonders Vorsichtige machen erst noch eine Dichtigkeits- und Gefälleprüfung, indem sie den Gully verstopfen und das Dach bis zum Rand fluten. Nachdem das Wasser abgelaufen ist, legt man das zweite Schutzvlies auf die Folie und lässt es an den Rändern 4 bis 5 Zentimeter hochstehen.

Falls ein Gebäude, zum Beispiel das Wohnhaus, an die Garage grenzt, wird nun ein Kiesrand entlang der Grenze aufgeschüttet: etwa 50 Zentimeter breit und etwa 10 Zentimeter hoch. Weiterer Kies wird in eine Vliesbahn gerollt und um den Gully oder den Gullykorb (Kiesfang) herum gelegt (siehe Seite 50). Anschließend deckt man Gully und Korb mit einem umgedrehten Eimer oder einem Stück Vlies ab, damit er nicht mit Substrat verschmutzt wird. Eimer und Vlies beschwert man mit einem großen Stein.

Danach wird das Pflanzsubstrat auf das Dach gebracht und verteilt. Der bekieste Rand wird freigelassen, die Ringdrainage um den Gully sollte man mit etwas grobem Kies bedecken, damit das Vlies unsichtbar wird und vor UV-Licht geschützt ist. Falls Sie Unebenheiten, in denen viel Wasser stehen bleibt, ausgleichen möchten, schütten Sie grobkörniges und mageres Substrat in die Senken, bevor Sie das eigentliche Pflanzsubstrat aufbringen und daran anschließend das Dach begrünen.

Flachdächer mit Photovoltaik

Die Kombination aus PV-Anlage und Begrünung ist noch nicht auf vielen Dächern zu sehen. Aus dem privaten Bereich gibt es damit aber bereits Erfahrungen sowie Firmen, die solch eine Kombination als System anbieten (siehe auch ausgewählte Bezugsquellen Seite 186).

Unser Tipp

Fertige Komplettpakete, die PV-Anlage und Begrünung kombinieren, beinhalten immer eine zusätzliche Schicht aus Drainage und Wasserspeicherelementen. Diese Kunststoffmatten halten wir im privaten Bereich auf kleinen Dächern für überflüssig, weil gute Substrate mit passender Bepflanzung in den meisten Gegenden keine Wasserspeicherelemente benötigen. Ist es sehr lange trocken, können Sie das Dach auch mal mit dem Gartenschlauch bewässern.

Beachten Sie, dass die PV-Anlage eine zusätzliche Last ist: Das Gewicht der Module, des Trägersystems und dessen Beschwerung kommen zum Gewicht der Begrünung hinzu (siehe auch Seite 48). Im Mittel muss man mit maximal 50 Kilogramm pro Quadratmeter Modulfläche rechnen und dies auf die Stellfläche für die PV-Anlage umlegen.

Durch geschicktes Platzieren der Trägersysteme, zum Beispiel über einer darunter liegenden Stütze oder nahe einer Außenmauer, kann eine zu große Last teilweise abgetragen werden. Dazu befragt man am besten eine Bauingenieurin oder einen Statiker oder prüft, zum Beispiel bei Fertiggaragen, die eigenen Unterlagen noch mal genauer.

Wichtig bei der Planung sind erstens die Abstände zwischen den Modulen und zweitens der Abstand zwischen der Unterkante der Module und dem Substrat: Wegen der Begrünung und für die Pflegearbeiten sollten die Abstände zwischen den Modulen mindestens 60, besser 80 Zentimeter betragen. Und wegen des Wachstums der Pflanzen muss die Unterkante der Module mindestens 30 Zentimeter über der Oberkante der Substratschicht liegen.

Da PV-Module auf einem Flachdach häufig eine Neigung und immer dazu passende Halterungen brauchen, kann man eine Aufständerungen wählen, die durch eine Auflast gehalten wird. So spart man sich eine Montage, bei der durch die Dachhaut gebohrt werden muss. Dabei werden die Stützfüße der auflastgehaltenen Aufständerung auf eine zusätzliche doppelte Lage Vlies oder eine verrottungsfeste Matte gestellt, um die Dachhaut zu schützen. Das Dachsubstrat wird über die Stellfüße gekippt und beschwert so als Auflast die Aufständerung. Sollte das Eigengewicht der Konstruktion zusammen mit dem Substrat nicht als Auflast reichen, können Sie die Füße mit Platten, zum Beispiel aus Beton, beschweren – nachdem Sie die Aufständerung passend ausgerichtet haben. Dieser Aufbau entspricht einer einschichtigen Begrünung.

Ist das gesamte Ständersystem zusammen mit dem Windverband montiert, können Sie das Dachsubstrat aufbringen. Danach können Sie bereits die Module samt Blitzschutz montieren und die Kabel in Kabelkanälen auf dem Substrat verlegen. Ob Sie diesen Arbeitsschritt gleich im Anschluss nach dem Substratauftrag machen oder später, hängt aber auch davon ab, ob und wo mit Saatgut oder Sprossen eingesät werden soll oder ob eine Bepflanzung mit Stauden gewünscht wird:

Zwischen (eventuell auch unter) den Modulen bietet sich vor allem die Einsaat mit niedrigen Gräsern, Kräutern oder Sprossen an. Dies kann man bereits nach der Montage des Ständersystems im September machen und die Module dann im folgenden späten Frühjahr bei trockenem Wetter montieren. Dann ist die Saat bereits aufgelaufen und die kleinen Pflanzenrosetten sind trittfest genug. Oder man nutzt dort fertige Textilsysteme wie Moosmatten, die sich insbesondere zwischen den Modulen im Schatten anbieten.

Direkt vor den Modulen pflanzen Sie niedrigere Arten, mit etwas Abstand (wegen des Schattenwurfes) dann auch höhere Arten. Hinter den Modulen können Sie das Substrat auch höher aufschütten und dort höhere schattenverträgliche Stauden pflanzen: dies aber erst nach Montage der Module.

Auch bereits begrünte Flachdächer können solartechnisch noch erweitert werden. In solchen Fällen eignen sich zweiseitige (bifaziale) PV-Module, die senkrecht stehen und aufgrund ihres Reihenabstands von etwa einem Meter weiterhin viel Licht an die Pflanzen lassen. Mit einem Ständersystem und Ballastfüßen wiegt die gesamte Anlage nur etwa 20 kg/m² und dürfte sich so auch für viele bereits begrünte Flachdächer eignen. Die Füße werden einfach auf die bestehende Begrünung gestellt. Die Unterkante der Module liegt dann etwa 30 Zentimeter oberhalb der Vegetationsschicht. Oder Sie legen das Substrat überall frei, wo Ballastfüße zu stehen kommen, und versenken die Füße etwa 10 Zentimeter tiefer. Das geht aber nur bei niedriger Vegetation.

Durch den im Tagesverlauf wandernden Schatten der Module baut sich die bereits bestehende, sonnenverwöhnte Vegetationsdecke kaum um. Auch die

Niederschlagsmenge wird von senkrechten Modulen nicht gemindert. Weil die Module bifazial sind, also das Sonnenlicht aus zwei Richtungen einfangen, ist der Ertrag mit anderen Systemen vergleichbar. Besonders in schneereichen Gegenden haben die senkrechten Module im Winter Vorteile.

Wer die Kombination aus Begrünung und senkrechten Modulen neu anlegen möchte, stellt die gesamte PV-Anlage erst auf das Schutzvlies und schippt dann die gewünschte Substratdecke um die Anlage herum. So werden die Füße zusätzlich beschwert und stehen unverrückbar auf dem Dach.

Mini-Steilwand für grabende Wildbienen

Aus den relativ leichten Blumenkästen aus Eternit (Holzbeton) können Sie als Nistort für grabende Wildbienenarten, zum Beispiel Pelzbienen, wunderbar eine Mauer bauen. Man füllt die (mindestens 20 Zentimeter hohen) Kästen bis etwa 3 Zentimeter unter die Oberkante mit reinem Löss oder mit einer Mischung aus 50 % Baulehm und 50 % feinem Sand.

Reinen Löss bekommt man in einigen Gegenden aus der Natur, kann ihn aber auch im Onlinehandel kaufen (zum Beispiel Thüringer Löss-Lehm für die Kakteenzucht). Geeignete Lehm-Mischungen bestehen je zur Hälfte aus getrocknetem Lehmpulver (gibt es ebenfalls online zu kaufen) und feinem Sand (zum Bepiel Spielsand oder Terrariensand) sowie Wasser. Man mischt alles mit einem Farbrührer und der Bohrmaschine zu einer erdfeuchten Mischung und füllt es in die Kästen. Diese stößt man immer wieder auf den Boden, damit sich die Mischung gut verdichtet.

Ist das Material im Kasten getrocknet, kann man die Kästen auf ihren Längsseiten stehend und mit den Oberseiten nach vorne im Maurerverband aufeinanderstellen.

Als Standort eignet sich am besten eine in südliche Richtungen zeigende Randzone des Garagendachs, die an das Haus grenzt, am besten unter dem Dachüberstand. Man stapelt zwei oder drei Reihen so übereinander, dass die höhere etwa 3 Zentimeter weiter hinten steht als die darunterliegende. So rückt der Schwerpunkt nach hinten und die Mauer kann nicht umfallen. Ein darübergelegtes und beschwertes, wasserfestes Brett mit Überstand ist ein guter Regenschutz.

Wer möchte, bohrt einige Löcher mit einem dünnen Stöckchen nur einige Zentimeter vor. Das soll grabende Wildbienen anlocken. In der Regel graben sie sich ihre Nistplätze dann selbst in die Wand.

Carports

Carports sind offene Unterstände für Fahrzeuge. Sie bestehen aus Holz, Stahl oder Aluminium. Einfache Konstruktionen haben ein Flachdach oder ein flach geneigtes Dach, hochwertigere Konstruktionen auch ein Sattel-, Walm- oder Tonnendach. Die Dacheindeckung kann aus Bitumen, Dachsteinen, Wellblech oder Trapezblech bestehen.

Bevor man eine Dachbegrünung auf dem bestehenden Carport anbringt, muss ein Zimmermann oder Statiker klären, ob der Dachunterbau und die Stützen des Carports der gewünschten Begrünung statisch gewachsen sind. Bei Holz-Carports ist es in der Regel nicht kompliziert, ein zu schwach dimensioniertes Carport durch Einziehen zusätzlicher Pfosten und Pfetten anzupassen.

Well- und Trapezbleche nimmt man vom Dach ab und nagelt stattdessen eine Holzschalung aus ungehobelten Brettern (Rauspund) auf. Ob man dafür zusätzliche Dachsparren braucht, muss vorher geklärt werden. Dicke und Spannweite der Bretter müssen an die geplante Begrünung, also deren Last angepasst werden. Auch der aufgeschraubte Dachrand muss der geplanten Substrathöhe entsprechen.

Beim Kauf oder Bau eines neuen Carports können Sie die gewünschte Begrünung und deren Auflast gleich berücksichtigen. Addieren müssen Sie jedoch immer die für Ihre Gegend gültige Schneelast! Bei einem neuen Dach lässt man die vorgesehene Bitumenbahn auf der Dachschalung weg und passt gegebenenfalls die Höhe des Dachrandes an die gewünschte Substrathöhe an. Einfache Bretter als Blende müssen vorher aufgedoppelt und stabilisiert werden, denn das Substrat drückt mit seinem Gewicht von innen dagegen.

An der Traufe (eines bestehenden wie eines neuen Daches) muss man die vorgesehene oder bestehende Entwässerung auf ihre Eignung für die Begrünung überprüfen und bei Bedarf nach eigenen Vorstellungen ändern. Sinnvoll sind Eckgullys oder die Entwässerung durch ein Gitter (Kiesfang) in eine Regenrinne an der Traufe.

Dann überprüft man die Dachschalung auf überstehende Nägel und andere spitze Unebenheiten, die der Dachhaut schaden könnten.

Anschließend geht es weiter wie beim Begrünen eines Garagendachs (siehe Seite ab 79): Das untere Schutzvlies wird aufgelegt, darüber legt man die Folie. Die Folie wird an den Dachrändern hochgezogen, befestigt und sauber abge-

Artenreicher Sommeraspekt auf intensivem Dachsubstrat ab 20 Zentimeter Dicke

schnitten. Bei einer Entwässerung über Gullys, werden Vlies und Folie rund um diese ausgeschnitten und mit Folie oder passendem Kragen für die Gullys eingedichtet. Liegt eine Traufentwässerung vor, lässt man das obere Schutzvlies, das nun auf die Folie gelegt wird, etwa 120 Zentimeter über den Rand hängen. Man schüttet einen Streifen Kies an den Rand, schlägt das Vlies wieder zurück und deckt den Kies damit ab. Auf diese Weise entsteht am Dachrand eine Drainage. Sie leitet das Wasser zur Rinne und schützt das Entwässerungsgitter vor der Dachrinne vor Verschmutzung (siehe auch Seite 50).

Auf dem oberen Schutzvlies wird nun das Substrat verteilt und begrünt. Den in Vlies gewickelten Kiesstreifen deckt man mit etwas grobem Kies ab, damit das Vlies unsichtbar und vor UV-Licht geschützt wird.

Unser Tipp

Carports, die man als preiswerten Bausatz kaufen kann, sind meist nicht nur zu schwach dimensioniert für eine Begrünung, sondern auch zu kurz für große PKW. Da man meist auch noch einen Unterstand für Gartengeräte braucht, ist es sinnvoller, sich ein Carport genau passend zum Grundstück und den eigenen Bedürfnissen anzufertigen (oder bauen zu lassen). Dabei kann man die gewünschte Begrünung, deren Aufbauhöhe und die Dachlast schon berücksichtigen.

Dächer von Mülltonnenhäuschen

Das Flachdach einer Mülltonnen-Umhausung lässt sich besonders einfach begrünen, denn dort ist alles gut erreichbar und man muss nicht auf dem Dach herumklettern.

Es gibt Mülltonnenschränke, die bereits zur Begrünung vorbereitete Dächer haben, meist aus Edelstahl oder verzinktem Stahlblech. Dort braucht man nichts weiter zu tun, als ein Vlies einzulegen, das Substrat bis zum Rand aufzuschütten und das Dach zu begrünen.

Es ist aber auch nicht schwierig, solch eine Dachwanne für einen vorhandenen oder selbst gebauten Mülltonnenschrank zu bauen. Dafür müssen Sie den passenden Rand, die Entwässerung und die Dachdichtung bauen.

Wie und wo man das Wasser ableitet, hängt vom Standort des Häuschens ab. Denn es soll Ihnen nicht über die Füße tropfen, wenn Sie die Pflanzen gießen oder die Tonnen herausziehen. Die Entwässerung sollte am besten dort liegen, wo das Wasser von selbst hinfließt (bei leichtem Gefälle), oder dort, wo es niemanden stört (auf der Rückseite oder einer Schmalseite). Hilfreich kann auch eine Konstruktion mit Dachüberstand sein, wo an einer Ecke ein Abflussrohr das Wasser ableitet. Falls eine Dachfolie zum Einsatz kommt – ein Muss bei einem Holzdach, nicht nötig bei einem Betondach –, können Sie auch die Folie an der Traufe oder einer Ecke überhängen lassen, damit kein abfließendes Wasser an der Holzwand der Umhausung herunterrinnt.

Für die Umrandung können Sie L-förmige, rostfreie Metallwinkel (Edelstahl, Aluminium) oder wasserresistente Hölzer (Lärche, Eiche) wählen.

➤ Ist das **Dach aus Beton,** brauchen Sie nur einen Dachrand zu bauen, indem Sie passende Kanthölzer mittels Metallwinkeln aufdübeln. Für die Entwässerung lässt man zwischen Betondach und Kantholz 5 Millimeter Abstand oder man sägt oder bohrt in eines der Kanthölzer kammartige Aussparungen (in das untere Drittel des Kantholzes) oder Löcher, sodass überschüssiges Regenwasser dort abfließen kann.
  Entscheidet man sich für eine Kante aus L-Profilen, kann man den Abfluss gewährleisten, indem man eine der L-Schienen auf etwa 5 Millimeter hohe Distanzstücke setzt. Oder man ersetzt eine der Schienen durch eine Gitterschiene oder ein Lochblech. Bei kleinen Mülltonnenhäusern reicht es auch, wenn man eine Ecke des selbst gebauten Randes mit einer Aussparung versieht.

In die so entstandene Wanne auf dem Betondach wird jetzt ein Stück Vlies gelegt und an den Rändern hochgeschlagen. Dort hinein füllt man das Pflanzsubstrat. Eine Folie braucht man diesem Fall nicht.

➤ Ein **Holzdach** muss mit einer Folie abgedichtet werden. Eine raue Dachfläche deckt man erst mit einem Vlies ab, darüber legt man die Folie. Hat man wasserfestes Holz oder rostfreies Metall als Umrandung gewählt, braucht man die Folie nicht am inneren Rand hochzuschlagen. Man legt sie flach aus und schraubt die Randbefestigung hindurch. Dort, wo das Wasser abfließen soll, sägt man beim Kantholz vor der Montage kammartige Aussparungen hinein. Oder Sie schrauben die Umrandung auf Distanzhalter oder sparen in einer Ecke einen Abfluss aus. Eine kleine Menge flexible Dichtmasse (zur Folie chemisch passend) unter den Schraubenköpfen verhindert, dass Feuchtigkeit an das Holzdach gerät.
Dann schlägt man den Pflanzkasten bis zum Rand mit einem Vlies aus und füllt ihn mit Substrat. Vor dem Begrünen wird das Vlies am Rand sauber abgeschnitten.

Unser Tipp

Für kleine Mülltonnenhäuschen mit Extensivbegrünung ist eine Teichfolie von 0,5 Millimeter Dicke als Dachdichtung völlig ausreichend. Auch das Vlies darf dort dünner sein. Weil sich die Box recht einfach wieder neu begrünen lässt (wenn es schiefgegangen ist), kann man auch mit Materialresten und eigenen Substratmischungen experimentieren und erste Erfahrungen für größere Dachbegrünungen sammeln.

Ist das Dach stabil und kann höhere Lasten tragen, sollte man die Aufkantung entsprechend hoch wählen. Denn je höher der Substrataufbau ist, desto mehr Pflanzen können dort wachsen und Trockenzeiten überstehen. Bei Betonboxen kann man eine kleine Mauer bauen. Dazu klebt man mit frostfestem Montagekleber kleine Pflastersteine zu einem Rand auf das Dach. Vielleicht möchten die Kinder auch schöne Steine auf das Dach legen. All das geht.

Sie können sich auch eine Wanne aus verzinktem Blech oder Edelstahl vom Schlosser machen lassen. Oder Sie bauen einen Holzkasten selbst und schlagen ihn mit Folie und Vlies aus. Wie Sie es machen, hängt von Ihren Fähigkeiten, der Materialbeschaffung und gewünschten Optik ab. Wer das Häuschen erst noch bauen will, plant die Konstruktion so stabil, dass sie ein begrüntes Dach mit 15 Zentimeter Aufbauhöhe und mehr tragen kann.

Geneigte Dächer – Besonderheiten in der Vorbereitung

Dächer mit einer Dachneigung von 4 bis etwa 10 Grad lassen sich recht einfach begrünen. Besondere Aufmerksamkeit muss bei der Vorbereitung dem Dachrand geschenkt werden, besonders an der Traufe (Tropfrand des Daches), denn auf ihm ruht wegen der Schubkräfte des Substrates eine große Last. Vorhandene Blenden und deren Befestigungen am Rand des Daches müssen deshalb immer verstärkt oder durch stabilere Konstruktionen ersetzt werden.

Bei der Planung muss außerdem die Entwässerung berücksichtigt werden: Bei Seitenlängen bis etwa 5 Meter kommt man mit zwei Gullys an den Ecken und einer Kiesdrainage dazwischen aus. Längere Traufseiten sollten jedoch mittels Durchlässen oder eines Kiesfanges und einer Dachrinne auf ganzer Länge entwässert werden.

Bei größerer Dachneigung (10 bis 15 Grad) legt man statt des oberen Schutzvlieses eine Krallmatte auf (siehe Seite 58). Sie verhindert, dass Substrat abrutscht, bevor es von den Pflanzenwurzeln stabilisiert wird.

Neigungen über 15 Grad müssen mit Schubschwellen abgefangen werden. Mehr dazu ab Seite 94.

Das gilt für alle geneigten Dächer

Das mit Rauspund (oder bereits mit einer Bitumenbahn) eingedeckte Dach wird mit einem Schutzvlies abgedeckt. Die Bahnen des unteren Schutzvlieses kann man sowohl quer als auch parallel zum Gefälle legen. Diese Bahnen lässt man jeweils 10 Zentimeter überlappen.

Auf das Schutzvlies kommt die Dachfolie, die man an den Dachrändern hochschlägt. Um die Gullys herum wird sie eingedichtet (siehe dazu auch Seite 50).

Bei einer Entwässerung durch Aussparungen im Traufbalken oder ein Metallgitter endet die Folie vor den Durchlässen. Läuft das Dachwasser unter dem Traufbalken entlang in die Dachrinne, lässt man die Folie bis in die Dachrinne hängen.

Über die Folie legt man anschließend ein weiteres Vlies oder – wenn das Dach vom Giebel bis zur Traufe so lang ist, dass eine Vliesbahn nicht reicht – mehrere Vliesbahnen (auch diese überlappend), und zwar quer(!) zum Gefälle, von unten nach oben auf. Auf die unterste, überstehende Vliesbahn an der Traufe schüttet man Kies und schlägt das überstehende Vlies darüber. Diese Vliespackung wird wiederum mit Kies abgedeckt. Anschließend bringt man das Substrat von unten nach oben(!) auf. Es muss dann möglichst bald begrünt werden, damit es durch die Pflanzenwurzeln stabilisiert wird.

Unser Tipp

Wählen Sie einen windstillen Tag für das Vorbereiten des Daches, damit der Wind die Vliesbahnen nicht vom Dach weht.

Beispiel: kleines Vordach

Ein leicht geneigtes Vordach, zum Beispiel über einer Haustür, können Sie gut von der Leiter aus begrünen. Bei den Vorbereitungen gilt dem Anschluss an das Haus besondere Aufmerksamkeit. Damit kein Wasser aus dem feuchten Substrat an der Hauswand hochzieht, muss man die Dachfolie entsprechend hochschlagen, mit einer geeigneten Schiene befestigen und zur Wand hin abdichten. Welche Materialien für Schiene (zum Beispiel Aluminium) oder für Dichtungsmittel und welche Befestigung geeignet sind, hängt vom Folienmaterial und von der Fassadengestaltung ab.

An den beiden Querseiten (eines Pultdaches oder eines Satteldaches) sowie an der einen Längsseite (eines Pultdaches) oder den beiden Längsseiten (eines Satteldaches) erhöht man den Rand des Vordaches entsprechend der vorgesehenen Substrathöhe. An der Traufe eines Pultdachs empfiehlt sich eine kleine kastenförmige Dachrinne, damit nichts auf Untenstehende tropft. Ein Satteldach kann ohne Entwässerung auskommen, wenn die Traufen über einem Beet enden.

Kleines Vordach (Pultdach) mit einer Eckentwässerung (Gully):
Eine Kette leitet das anfallende Dachwasser in ein Beet, sodass es nicht spritzt

Will man das Vordach erst noch bauen, kann man es mit 2 Prozent Gefälle zu einer Ecke anbringen, sodass man es über einen Gully mit kurzem Rohrstück und Wasserspeier oder über eine Kette entwässern kann.

Für kleine oder kurze Vordächer bis etwa 2 Meter Länge und einer Neigung bis maximal 15 Grad braucht man keine Krallmatte. Je kürzer ein Dach ist, desto geringer sind die Schubkräfte des Substrates und desto weniger kann abrutschen.

Bei größeren und steilen Vordächern legt man statt des oberen Schutzvlieses eine Krallmatte auf die Folie. Anstelle der Matte kann auch ein grobes Jutegewebe unter die Substratschicht gelegt werden. Es verhindert durch seine Rauigkeit das Abrutschen des Substrats und verrottet später, wenn die Pflanzenwurzeln das Substrat festhalten.

Beispiel: geneigtes Gartenhausdach

Gartenhäuser gibt es in den unterschiedlichsten Größen und Formen: vom Gartenschrank mit Pultdach bis zum großen Pavillon mit achteckigem Zeltdach. Alle können mit mehr oder weniger Aufwand begrünt werden.

Da man das Gartenhaus oftmals vom Haus, Balkon oder von der Terrasse aus sieht, lohnt sich eine Begrünung immer. Sie sieht allemal schöner aus als die üblichen Dacheindeckungen aus Dachpappe oder Bitumenschindeln. Und sie kostet auch nicht mehr als eine Dacheindeckung aus schönen Ziegeln oder Dachsteinen.

Wie bei Garagen oder Carports müssen Sie als Erstes klären, für welche Lasten sich das Gartenhausdach eignet. Meist lässt sich die Dachlast mit einfachen Mitteln erhöhen, indem Sie zum Beispiel eine Stütze und einen zusätzlichen Träger einziehen. Natürlich müssen auch die Wände oder Pfosten des Gebäudes für die höhere Last geeignet sein.

Anschließend können Sie eine passende Begrünungsmöglichkeit wählen. Ob Sie sich für Einsaat, Sprossenstreuen oder die Pflanzung entscheiden, ist auch eine Frage der Arbeitsmöglichkeiten auf dem Dach: Die meisten Gartenhäuschen kann man nicht betreten, sondern muss von einer Leiter oder, bequemer und sicherer, von einem Gerüst aus arbeiten. So sind die Dachgröße und die Armlänge oft die entscheidenden Begrenzungen für die Begrünungsform.

Kleine Gartenhäuschen mit Pultdach haben meist ein Dach aus Nut- und Federbrettern, das gerade so in der Lage ist, die Dachpappe und die anfallende Schneelast zu tragen.

Für eine Begrünung muss man sie meist verstärken, damit sie die Last des Substrates und der Bepflanzung tragen können. Dazu zieht man an der Dachunterseite einen oder mehrere Tragbalken in Längs- oder Querrichtung ein. Je nach Länge des Daches braucht man zwei oder mehrere zusätzliche Pfosten, die man innerhalb des Hauses gut gründen muss. Bei dieser Gelegenheit bietet es sich an, zugleich über die innere Aufteilung der Hütte, die Gerätehalterungen oder weitere Regale nachzudenken.

Hat das Hüttendach an den Seiten viel Überstand, ist es oftmals nicht in der Lage, die Last des Dachrandes und der Begrünung zu tragen. Man kann es einkürzen oder die Tragbalken verlängern und mit zusätzlichen Stützen abfangen. Sind viele Veränderungen nötig, ist es vielleicht besser, ein ganz

Diese 15 Jahre alte Dachbegrünung auf 20 Zentimeter dickem intensiven Dachsubstrat hat alle Trockenperioden gut überstanden, weil sich die Pflanzen immer wieder aus ihren Samen regenerieren konnten. Im Bild stehen die hellblau blühende Graue Skabiose (Scabiosa canescens), das hellpurpurfarbene Nelken-Leimkraut (Silene armeria) und das gelbe Kleine Habichtskraut (Hieracium pilosella) in schönster Blüte.

neues Dach bauen. Es muss aber von den Pfosten und Wänden des Gartenhauses getragen werden können.

Die vorhandene Bitumenbahn kann man auf dem Dach lassen oder zur Lastreduktion entfernen. Anschließend wird ein Dachrand in der gewünschten Höhe aufgeschraubt, mit Aussparungen für den Wasserabfluss an der Traufe. Bei einem Pultdach zeigt das Gefälle in der Regel zur Rückwand des Gartenhauses, deshalb ist die Entwässerung vom Standort des Hauses abhängig: Befindet sich dahinter ein Beet oder Rasen, kann man das Wasser dorthin ablaufen lassen, sofern der Dachüberstand groß genug ist und das Wasser nicht an der Rückwand der Hütte herunterrinnt. Steht das Häuschen jedoch an eine Hauswand oder Mauer gelehnt, muss das Wasser mittels einer kleinen Dachrinne oder über eine Dachecke gezielt abgeführt werden.

Nachdem der Dachrand und die Entwässerung gestaltet sind, legt man ein Vlies aus, darüber die Folie (in der Regel genügt Teichfolie von 0,5 Millimeter

Eternit und anderen Faserzementmaterialien

Faserzementplatten enthielten bis in die 1990er-Jahre Asbestfasern. Die lungengängigen und stark krebserregenden Fasern sind inzwischen verboten. Seit 1993 enthalten Faserzementplatten für Dacheindeckungen andere mineralische Fasern und sind an der Kennzeichnung »AF« zu erkennen. Die darin enthaltenen Fasern sollen nach heutigem Kenntnisstand gesundheitlich unbedenklich sein, Langzeitfolgen konnten aber noch nicht ausgeschlossen werden.

In den Faserzementplatten älteren Datums sind die Asbestfasern relativ fest eingebunden. Werden die Platten jedoch verbotenerweise bearbeitet (druckreinigen, bohren, sägen …), werden die Asbestfasern frei. Sie können eingeatmet werden und die Gesundheit gefährden. Sollten Sie sich nicht sicher sein, wie alt Ihre Dacheindeckung ist, und ist nicht durch den »AF«-Stempel eindeutig zu erkennen, dass die Platten asbestfrei sind, ist äußerste Vorsicht geboten! (Mehr über den Umgang mit asbesthaltigen Eternitplatten finden Sie auf Seite 60.)

Die Gesundheitsbelastung durch die in Platten neueren Datums enthaltenen Fasern können wir nicht beurteilen. Daher empfehlen wir, auch nach 1993 hergestellte Faserzementplatten nicht anzubohren, wenn eine Schubsicherung befestigt werden muss. Zum Abräumen einer alten Pflanz- und Erdschicht auf dem Eternitdach sollten Sie außerdem immer eine Feinstaub-Filtermaske (Schutzmaske P2) tragen. Feuchtes Wetter oder vorheriges Beregnen ist Voraussetzung, da dann wesentlich weniger Fasern herumfliegen.

Dicke). Dann wird die Folie an die Entwässerung angepasst und mit einem weiteren Vlies abgedeckt. Bei größeren Dachflächen und viel Niederschlag sollte man eine Kiesdrainage vor der Entwässerung einbauen (siehe Seite 50), bevor man das Pflanzsubstrat einfüllt.

Steile Dächer – Besonderheiten in der Vorbereitung

Das gilt für alle Steildächer

Steildächer ab 15 bis 30 Grad Neigung benötigen immer eine Schubsicherung, damit das Substrat nicht vom Dach rutscht. Wassergesättigtes Substrat ohne ausreichende Durchwurzelung und ohne Vegetation kann hohe Schubkräfte entwickeln. Neigungen über 30 Grad sollte man als Laie nicht begrünen, da dort besondere Vorsichtsmaßnahmen getroffen werden müssen.

Es gibt zwei Möglichkeiten, Schubschwellen einzubauen: unter der Dachdichtung oder über der Dachdichtung.

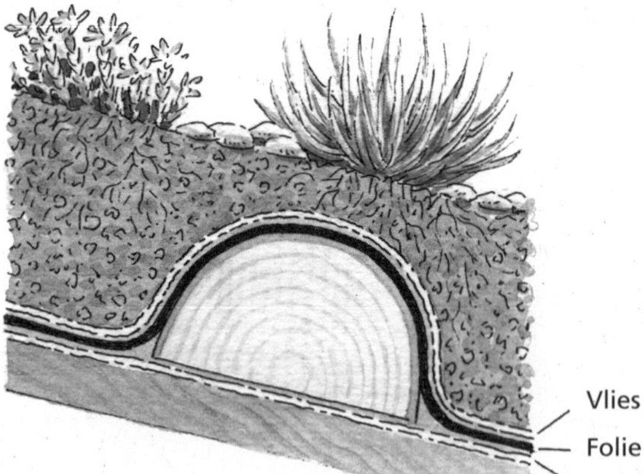

Diese abgerundete Schubschwelle liegt unter der Folie (quer zur Gefällerichtung): Sie ist dauerhaft und verottet nicht

Beim Einbau unter der Dachdichtung (Illustration links) sind die Schubschwellen vor Nässe geschützt und genauso lange haltbar wie die Dachkonstruktion. Allerdings ist es nicht ganz einfach, die relativ steife Dachbegrünungsfolie und anschließend das obere Vlies aufzulegen. Wenn Sie Kanthölzer verwenden, wird die Folie zudem an den Kanten stark belastet. Ein untergelegtes Schutzvlies ist deshalb unbedingt notwendig. Trapezförmige Schubschwellen oder halbrunde Hölzer schonen die Folie noch zusätzlich.

Diese Schubschwelle liegt über der Folie (quer zur Gefällerichtung): Im Laufe der Jahre wird sie verrotten

Einfacher ist eine Schubschwellenkonstruktion, die als Gitter auf dem oberen Schutzvlies verlegt wird (siehe Illustration auf der folgenden Seite). Da man nicht durch die Folie hindurch schrauben kann, werden dazu Dachlatten in Gefällerichtung (die sogenannte Konterlattung) auf dem oberen Vlies verlegt, das auf der Dachfolie liegt. Auf diese Konterlattung werden dann quer dazu (im Winkel von 90°) weitere Dachlatten (die sogenannten Traglatten) aufgeschraubt, sodass ein Gitter entsteht. Die Konterlattung stützt sich an der Randschwelle beziehungsweise am vorderen Dachrand, der Traufe ab, die entsprechend stabil konstruiert sein muss.

Bei Satteldächern kann man beide Schubgitter am First mit nichtrostenden Stahlbändern und Schrauben verbinden, sodass die punktuelle Schubkraft auf

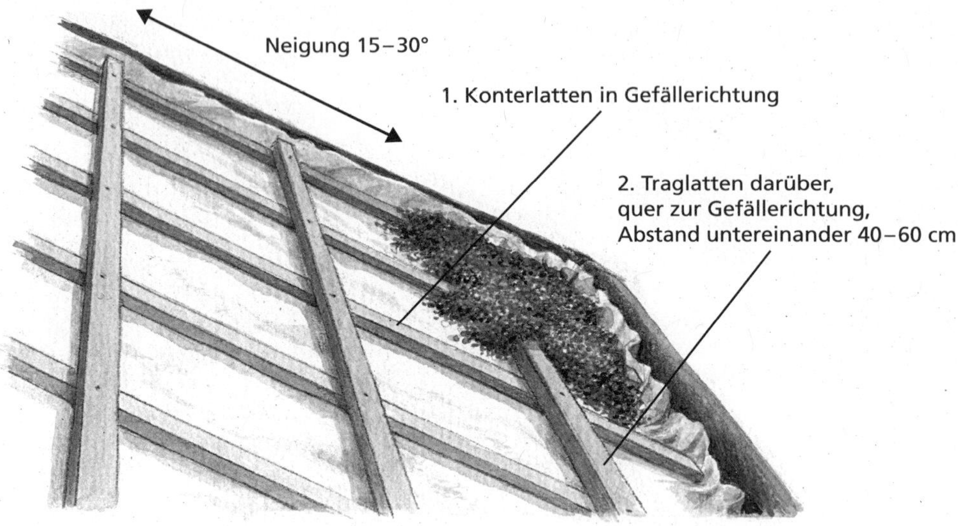

Auf Steildächern ist eine Schubsicherung nötig. Dafür werden zuerst Dachlatten (die Konterlatten) in Gefällerichtung auf das obere Schutzvlies gelegt und an der Traufe abgestützt (gegebenenfalls am Giebel miteinander befestigt). Auf diese Konterlattung schraubt man Traglatten (im rechten Winkel zum Gefälle). So entstehen Gefache, die das Substrat am Abrutschen hindern.

die vordere Dachkante gemindert wird. (Auf dem Dachrand lastet dennoch eine der Dachneigung entsprechende anteilige Last des gesamten Substrates.)

In die entstehenden Gefache wird dann das Dachsubstrat von unten nach oben geschüttet. Sind beide Schubgitter am First eines Satteldachs verbunden, muss man beide Dachhälften symmetrisch füllen, um die Lasten gleichmäßig zu verteilen.

Bei Verwendung üblicher ungehobelter Dachlatten entstehen Gefache von etwa 5 Zentimeter Randhöhe (eine Dachlatte ist etwa 24 Millimeter dick). Für höhere Substratschichten verwendet man entweder dickere Traglatten oder schraubt mehrere Traglatten aufeinander.

Der Abstand der Traglatten zueinander richtet sich nach der Dachneigung. Je steiler das Dach, desto enger sollten die Latten liegen. Abstände von 40 bis 60 Zentimeter sind in der Regel ausreichend.

Der Abstand der Konterlatten richtet sich nach der Länge und Stärke der verwendeten Traglatten und der Dachbreite. Er kann weiter ausfallen und ungefähr 1 bis 1,5 Meter betragen.

Weil das Holz (bei Einbau der Schubschwellensicherung über dem Vlies und der Folie) mit dem Substrat in direkten Kontakt kommt, wird es nach einiger Zeit beginnen, zu verrotten. Das ist jedoch kein Problem, wenn die Dachvegetation gut gedeiht und das Substrat vollständig durchwurzelt. Die Wurzeln sorgen dann für die notwendige Stabilität. Zur Verlängerung der Haltbarkeit darf man das Holz keinesfalls imprägnieren, da die Biozide die Mikroorganismen im Substrat und die Pflanzenwurzeln schädigen. Statt einfacher unbehandelter Dachlatten aus Fichtenholz kann man auch relativ leichtes, aber wesentlich dauerhafteres Lärchenholz oder hohle Latten aus Recycling-Kunststoff verwenden.

Eine zusätzliche Krallmatte anstelle des Schutzvlieses unter den Schubgittern kann ab einer Dachneigung über 25 Grad hilfreich sein (siehe Seite 58). Bei sehr steilen Dächern ab einer Neigung von 40 Grad kann selbst dies zu wenig sein. Je steiler ein Dach ist, desto mehr Schubschwellen müssen eingebaut werden, doch muss man immer auch an die zulässigen Dachlasten denken.

Vorgefertigte Matten in der Erprobung

Für kleine Steildächer können Sie auch auf vorgefertigte Vegetationsmatten zurückgreifen. Dort sind die passenden Pflanzen bereits auf Trägerplatten oder Matten aus unterschiedlichen Materialien vorkultiviert und die Handhabung ist gegebenenfalls einfacher als das Bepflanzen in Eigenarbeit.

Vor dem Kauf sollten Sie aber darauf achten, dass es sich um umweltfreundliche Materialien handelt. Vieles ist hierbei noch in der Erprobungsphase. Derzeit wird zum Beispiel mit langlebigen Kokos-, Holz- und Hanffasern oder mit Schilfschnitt aus Paludikultur experimentiert. (Paludikultur ist die landwirtschaftliche Nutzung nasser, wiedervernässter Moore und Feuchtwiesen, die durch Renaturierung entstanden sind.) Meist funktionieren die Matten auch nur auf einer dünnen Substratschicht, die vorher aufgebracht werden muss. Außerdem sollte die Pflanzenauswahl einen Herkunftsnachweis haben und standortgerecht sein, also zum eigenen Dach passen.

Beispiel: neues Gartenhaus mit Satteldach

In diesem Beispiel soll ein neues Gartenhaus mit einem Satteldach von etwa 25 Grad Neigung aufgestellt und begrünt werden. Die Dachschalung besteht aus Brettern. Die zulässigen Dachlasten sind ausreichend für etwa 8 Zentimeter Substrataufbau. Zur Schubsicherung werden ungehobelte Dachlatten von 24 × 48 Millimeter Stärke verwendet.

Zunächst passt man die gewünschte Entwässerung (Gully, Traufblech) an und erhöht die Dachkante auf 8 bis 10 Zentimeter. An den Traufen muss die Kante so verstärkt werden, dass sich die Konterlatten darauf abstützen können. Ist dies nicht möglich, wird ein zusätzlicher Traufbalken aufgelegt und befestigt. Dabei müssen die Eckgullys frei bleiben.

Nachdem Dachrand und Entwässerung fertig sind, wird die erste Vlieslage auf die Dachschalung gelegt. Darauf kommt die Folie. Sie wird an den Rändern hochgezogen und an der Entwässerung eingedichtet. Darauf wird das Schutzvlies gelegt und mit den zugeschnittenen Konterlatten in Gefällerichtung beschwert. Nach dem Ausrichten dieser Latten werden je zwei Dachlatten übereinandergelegt und auf die Konterlattung geschraubt. So ergeben sich Gefache von 72 Millimeter Höhe.

Sind beide Dachhälften mit Schubgittern ausgestattet, verbindet man die beiden Konstruktionen am First straff miteinander. Dazu eignen sich stabile Gurte oder rostfreie Lochbänder und Schrauben (verzinkt oder aus Edelstahl). Den First kann man zusätzlich mit einem geknickten Blech oder zwei Holzbrettern abdecken, denn auf dem First wird auf Dauer nichts wachsen, weil es dort zu trocken und zu windig ist.

Das Substrat füllt man am besten in zwei Schichten ein: Die erste Schicht wird mit etwa 3 Zentimeter Höhe von unten nach oben aufgetragen, denn vom Giebel beginnend, rutschen bei sehr steilen Dächern die ersten 24 Millimeter Substratauflage zwischen den Traglatten hindurch nach unten. Außerdem kann man bei begehbaren Steildächern nur solange auf den Traglatten stehen, wie diese noch aus dem Substrat herausschauen. Am Giebel angekommen, füllt man das restliche Substrat bis etwa 1 Zentimeter über dem Schubgitter von oben nach unten auf und begrünt gleichzeitig.

Bei kurzen Dächern kann man die Arbeiten von einer Leiter oder einem Gerüst aus bewerkstelligen. Bei längeren Dachhälften wird man das Dach betreten müssen. Die Schubsicherung ist da eine gute Hilfe, sie muss aber auch in sich stabil genug dafür sein. Besonders der Balken an der Traufe muss das Gewicht eines Menschen auf dem Dach tragen können!

Beispiel: stabiles Gartenhaus mit Satteldach

Hier soll ein altes, aber sehr stabiles Gartenhaus begrünt werden. Das Dach ist sehr steil. Die Lastreserven lassen eine Schichtdicke von 15 Zentimeter Substrat ohne Weiteres zu. In diesem Fall werden Schubschwellen unter der Folie befestigt. Man kann die Schubsicherung aber auch über der Folie als Gitter aus Konterlattung und Traglattung anbringen.

Zunächst werden die Dachränder an die Höhe der Begrünung und an die Schubkräfte des Substrates an der Traufe angepasst. Anschließend werden auf die alte Dachpappe vorgebohrte runde Hölzer (zum Beispiel Bohnenstangen) oder halbrunde Hölzer (zum Beispiel Querriegel für den Zaunbau) von etwa 35 Millimeter Dicke als Traglatten durch die Dachschalung hindurch auf die Dachsparren darunter geschraubt. Der Abstand dieser Traglatten vom First und untereinander sollte höchstens 40 Zentimeter betragen.

Anschließend wird ein Schutzvlies über diese Schubschwellen gelegt, darauf kommt die Dachfolie. Die Folie darf nicht stramm liegen, sondern muss überall den Rundungen der Schubschwellen folgen! Das funktioniert nur an warmen Tagen oder bei Sonne, wenn die Folie geschmeidig ist. Sie wird an den Kanten hochgeschlagen und an die Entwässerung angepasst.

Auf die Folie wird das zweite Vlies gelegt. An der Traufe lässt man es etwa 120 Zentimeter überhängen, schüttet einen Streifen Kies hinter den Dachrand und schlägt das Vlies darüber. Dann beginnt man mit dem Aufschütten des gewählten Dachsubstrates. Man beginnt an der Traufe und füllt die erste Querrinne zwischen den Schubschwellen auf. So arbeitet man sich von unten nach oben bis zum First vor. Beim späteren Begrünen in Querreihen arbeitet man von oben nach unten.

Unser Tipp

Hilfreich kann eine flache Leiter sein, wie sie Dachdecker verwenden. An einem stabil am First angebrachten Haken gehängt, erleichtert sie das Arbeiten auf dem Steildach.

Checkliste für meine Dachbegrünung

Das ist zu bedenken	Das gilt für mein Dach
Himmelsrichtung	
Besonnung (sonnig, halbschattig, schattig)	
Dachneigung in Grad (°) oder in Prozent (%)	
zulässige Dachlasten (Verkehrslast und Schneelast)	
Dachfläche in Quadratmetern (m^2)	
Geplante Substrathöhe in Zentimetern (cm)	
Substrat-Art und Substratmenge in Kubikmetern (m^3)	
Drainagekies in Kubikmetern (m^3)	
Schutzvlies unter der Folie in Quadratmetern (m^2)	
Dachfolie in Quadratmetern (m^2)	
Schutzvlies über der Folie in Quadratmetern (m^2) mit Randzugabe	
Material für die Gestaltung des Dachrandes	
Material für die Entwässerung (Gully, Rohre, Rinne)	
Bepflanzung: Samen in Gramm (g)	
Bepflanzung: Sprossen in Gramm (g)	
Bepflanzung: Blumenzwiebeln (Stück)	
Bepflanzung: Kleintopfstauden (Stück)	
Bepflanzung: Stauden (Stück)	
Bepflanzung: Zwerggehölze (Stück)	

Beispiele für naturnahe Gründächer

Wichtige Hinweise für unsere Beispiele auf den folgenden Seiten

- *Alle Beispiele haben einen* ***einschichtigen Substrataufbau*** *mit* ***intensivem (das heißt humusreichem) Dachsubstrat*** *aus mineralischem* ***Lava-Bims-Gemisch*** *vulkanischer Herkunft. Dieses Material wird relativ umweltschonend in der Mitte Deutschlands (Eifel) abgebaut und die erschöpften Flächen werden anschließend renaturiert.*
  Es kann bereits mit der passenden Menge Kompost oder Humus angereichert geliefert werden (10 oder 20 Volumenprozent).
  Sie können das Lava-Bims-Gemisch auch pur kaufen und mit der im Beispiel angegebenen Menge Kompost oder einer Fertigerde selbst mischen. Dabei sollten Sie aber nur nach RAL zertifizierten Kompost oder torffreie Fertigerde verwenden. Wir haben mit den Fertigmischungen beste Erfahrungen gemacht, doch bleibt es Ihnen überlassen, andere Substratgemische auszuprobieren.
- *In unseren Beispielen und Tabellen sind die* ***Massen und Lasten fast immer im wassergesättigten Zustand angegeben!*** *Einzige Ausnahme ist der Drainagekies, der kein Wasser aufsaugen kann. Bitte berücksichtigen Sie das, wenn Sie experimentieren möchten (und machen Sie keine großen Experimente).*
- *In unseren Beispielen nennen wir heimische* ***Pflanzenarten,*** *die zur angegebenen Substratdicke passen. Möchten Sie eine größere Vielfalt, können Sie weitere Pflanzen aus den Tabellen ab Seite 137 auswählen. Beachten Sie aber, dass Pflanzen, die für dickere Substratschichten und mehr Humus genannt sind, nicht auf Dächern mit geringerer oder magerer Auflage wachsen.*
- *Die Mengenangabe* ***»Portion Saatgut«*** *reicht für die Aussaat zwischen der eigentlichen Bepflanzung für 1,5–2 m².*
- *Möchten Sie das Dach reich* ***strukturieren,*** *können Sie an Stellen, die höhere Lasten vertragen, Substrathügel bauen und dort anspruchsvollere Stauden pflanzen (siehe Seite 124). Ebenso kann man das Dach stellenweise auch mit geringerer Substratdecke gestalten und dort passend begrünen.*

Je nach Sonnenexposition können auf den Dachhälften eines Satteldaches ganz unterschiedliche Pflanzen wachsen, vorausgesetzt Sie passen das Substrat vorher an. In unserem Beispiel liegt die linke Seite in der Sonne, die rechte absonnig.

Beispiele für naturnahe Gründächer

Im Folgenden haben wir verschiedene naturnahe Begrünungsbeispiele für Sie zusammengestellt – für verschiedene Dachneigungen, Standorte und dazu passende Pflanzengesellschaften. Bei jedem Beispiel finden Sie Angaben zu den benötigten Pflanzen, der Substratmischung und der Substrathöhe, zum Aufbaugewicht sowie zu Möglichkeiten, etwas für Tiere zu tun. Die Dekorationsvorschläge können Sie nach Ihren Vorstellungen abwandeln.

Haben Sie das Passende für Ihr Dach gefunden, ist Ihr Dach aber kleiner oder größer, können Sie die Mengenangaben für die Pflanzen für Ihre Dachfläche umrechnen. Falls Sie das Gebäude erst noch bauen möchten, können Sie sich an den Beispielen orientieren und bei Ihrem Bauplan die Statik, Dachform und Entwässerung an die gewünschte Begrünung anpassen.

Begrüntes Mülltonnen-Häuschen im Schatten

Steckbrief

Dachfläche:	abhängig von der Größe des Häuschens
Dachneigung:	0 Grad (mit 2–5 % Gefälle)
Exposition:	schattig
Substrathöhe:	mindestens 15 cm, besser 20 cm oder mehr
Substratgemisch:	intensives Dachsubstrat (vulkanisches Lava-Bims-Gemisch mit 30 % Kompost)
Aufbaugewicht:	200–250 kg/m²
Techn. Vorgehen:	einschichtige Bauweise (s. S. 34) oder zweischichtige Bauweise mit Drainage (s. ab S. 35)
Begrünung:	Bepflanzung mit Stauden (s. ab S. 66)
Mulchdecke:	Rindenmulch, Kompost
Sonstiges:	Entwässerungsrichtung bedenken, bei Trockenheit gießen

Die Begrünung erfolgt hier auf intensivem Dachsubstrat, und Sie sollten ein leichtes Gefälle von 2 bis 5 Prozent und einen Wasserabfluss einplanen. Weil die Pflege der Bepflanzung leicht möglich ist, dürfen die Pflanzen etwas anspruchsvoller sein.

Pflanzen für das Häuschen

- *Brauner Streifenfarn (Asplenium trichomanes), 5–15 cm hoch*
- *Gewöhnlicher Tüpfelfarn (Polypodium vulgare), 10–30 cm hoch*
- *Nickendes Perlgras (Melica nutans), 15–30 cm hohes Gras, immergrün*
- *Große Sternmiere (Stellaria holostea), 10–30 cm hoch, weiße Blüten im April bis Juni*
- *Dalmatinischer Storchschnabel (Geranium dalmaticum) (n.h.), 8–10 cm hoch, rosa Blüten im Juni bis Juli*
- *Ästige Graslilie (Anthericum ramosum), 30–50 cm hoch, weiße Blüten im Juni bis August*
- *Rundblättrige Glockenblume (Campanula rotundifolia), 10–40 cm hoch, blaue Blüten im Juni bis September*
- *Mauer-Zimbelkraut (Cymbalaria muralis), 5–20 cm hoch, hellviolette Blüten im Juni bis September*
- *Hohe Fetthenne (Sedum telephium ssp. maximum), 20–40 cm hoch, hellgelbe Blüten im September bis Oktober*

(n.h.) bedeutet »nicht heimisch«, siehe Erklärung Seite 136

Sonniges Garagen-Flachdach für Schmetterlinge

Steckbrief

Dachfläche:	etwa 18 m²
Dachneigung:	0 Grad (mit oder ohne Gefälle)
Exposition:	sonnig
Substrathöhe:	15–20 cm, an den Rändern auf 20–25 cm erhöhen
Substratgemisch:	intensives Dachsubstrat (vulkanischer Bims mit 20 % Humusanteil)
Aufbaugewicht:	150–200 kg/m²
Techn. Vorgehen:	einschichtige Bauweise (s. S. 34)
Begrünung:	Bepflanzung mit Stauden (s. ab S. 66)
Mulchdecke:	1–2 cm heller Kalksplitt (0/32) nach Belieben
Tierquartier:	Überwinterungskasten für Schmetterlinge an der Hauswand

Sonnige Dachflächen auf der Garage eignen sich besonders gut zum Ansiedeln artenreicher Pflanzungen für Insekten. So können in Siedlungen Magerstandorte geschaffen werden, die in der Stadt sehr selten geworden sind. Die Wand des angrenzenden Wohnhauses reflektiert Licht und speichert Wärme, was den meist wärmeliebenden Pflanzen zugutekommt.

Es gibt eine Vielzahl geeigneter Pflanzenarten für magere und sonnige Standorte. Wir haben Ihnen hier solche Pflanzen ausgesucht, die besonders gerne von Schmetterlingen zum Nektarsaugen besucht werden, und diese mit einer Grasart zur Eiablage verschiedener Falterarten kombiniert.

Reicht die Dachlast aus, können Sie auch einen Substrathügel bauen (siehe Seite 124). Dort hinein pflanzen Sie die hohen Stauden Echtes Labkraut *(Galium verum)*, Majoran *(Origanum vulgare)* und Kalk-Aster *(Aster amellus)*. Sehr natürlich wirkt es, wenn Sie pro Art ein Grüppchen zusammenpflanzen, aber auch eine zufällig durcheinander gepflanzte Gestaltung passt gut.

Eine Insektennisthilfe sicher auf dem Dach aufstellen

Wenn Sie eine kistenförmige Insektennisthilfe aus Holz sicher auf dem Dach aufstellen möchten, geht das am besten so: Befestigen Sie an der Unterseite der Kiste zwei bis drei biegsame Metallbänder, die etwa einen Meter in die Pflanzfläche hineinragen. Diese werden auf das Vlies aufgelegt und mit Steinen, die dann als Gegengewicht zur Nisthilfe wirken, beschwert. Pflanzen Sie vor der Nisthilfe nur Sedum- und Sempervivum-Arten, damit die Niströhren nicht beschattet werden.

Sonniges Flachdach für Schmetterlinge – Pflanzen für 18 m²

Botanischer Name *Deutscher Name*	*Blütenfarbe* *Anzahl bei 18 m²*	*J*	*F*	*M*	*A*	*M*	*J*	*J*	*A*	*S*	*O*	*N*	*D*
Muscari neglectum **Weinbergs-Traubenhyazinthe**	blauschwarz, weißer Rand 100 Stück*				✿	✿							
Euphorbia cyparissias **Zypressen-Wolfsmilch**	gelb 10 Stück				✿	✿	✿						
Festuca ovina **Echter Schaf-Schwingel**	bräunlich 10 Stück					✿	✿	✿	✿				
Dianthus carthusianorum **Kartäuser-Nelke**	purpur 20 Stück (oder säen)						✿	✿	✿	✿			
Dianthus deltoides **Heide-Nelke**	purpur 20 Stück						✿	✿	✿	✿			
Galium verum **Echtes Labkraut**	gelb 10 Stück						✿	✿	✿	✿			
Thymus serpyllum **Sand-Thymian**	rosa 25 Stück (oder säen)						✿	✿	✿	✿			
Origanum vulgare **Wilder Majoran**	hellpurpur 10 Stück							✿	✿	✿			
Scabiosa canescens **Graue Skabiose**	hellblau, duftend 10 Stück							✿	✿	✿	✿		
Aster amellus **Kalk-Aster**	blau 10 Stück								✿	✿	✿		

*werden als Zwiebeln von September bis November gesteckt

Sitzplatz auf dem Flachdach einer Doppelgarage

Kann das Garagendach hohe Lasten tragen, können Sie dort auch einen Sitzplatz gestalten. Voraussetzungen dafür sind ein Abstand zur Grundstücksgrenze von drei Metern, ein Ausstieg vom angrenzenden Wohnhaus auf das Dach oder eine sichere Treppe auf das Dach. Als Fallschutz ist ein 90 Zentimeter hohes Geländer am Rand der Garage Vorschrift. Bei einer Doppelgarage kann die Absturzsicherung auch mittig stehen. Als relativ leichter Fallschutz und Sichtschutz für den Sitzplatz eignen sich auch PV-Module.

Das Dach kann intensiv begrünt werden, doch auch eine magere Substratauflage reicht aus. Sie kann gut betreten werden. Die Fläche für den Sitzplatz, zum Beispiel 6–8 m^2, lässt man ohne Substrat, füllt dort 6–8 cm Brechsand (0/5 oder 0/8 mm) auf und stampft diese Schicht fest. So bekommt man eine feste, saubere Oberfläche. Besonders duftend ist der Sitzplatz, wenn man ihn am Rand mit Thymian einsät oder bepflanzt. Wählen Sie für die Begrünung in der Nähe des Sitzplatzes am besten solche Stauden, die besonders im Sommer, wenn Sie auf dem Dach sitzen oder liegen möchten, die schönsten Aussichten und Düfte bieten.

Die Dachränder können Sie mit höheren Stauden bepflanzen, wenn Sie das Substrat dort etwas erhöhen. Falls Sie das Dach im September begrünen, können Sie auch gleich noch Zwiebeln der Traubenhyazinthe *(Muscari neglectum)* ins Substrat stecken. Das lässt sich aber im nächsten Herbst noch nachholen.

Unser Tipp

Am Rand, also über den Mauern der Garage können Sie als Absturzsicherung auch schmale Hochbeete aufstellen. Man befüllt die unteren 40–50 cm mit leichtem Lavabims und deckt ihn mit Vlies ab. Darüber füllt man 30–40 cm hoch Lavabims mit einem Kompostanteil von 30–40 %. In diese Schicht können Sie dann dauerhafte und duftende Zwerggehölze, wie Lavendel, Rosmarin, Salbei, und andere Arten pflanzen.

Zwerggehölze für die Dachbegrünung

Botanischer Name *Deutscher Name*	*Wuchshöhe* *Blütenfarbe*	*J*	*F*	*M*	*A*	*M*	*J*	*J*	*A*	*S*	*O*	*N*	*D*
Gehölze ab Substrathöhe von 30 cm intensives Dachsubstrat, mit Bewässerung													
Erica carnea **Schnee-Heide**	20–30 cm rosa	✿	✿	✿	✿								✿
Cytisus decumbens **Niederliegender Geißklee**	10–30 cm gelb				✿	✿	✿						
Genista pilosa **Behaarter Ginster**	20–40 cm gelb					✿	✿						
Cytisus purpureus **Purpur-Geißklee**	15–50 cm purpur-rosa					✿	✿	✿					
Genista sagittalis **Flügel-Ginster**	10–20 cm gelb					✿	✿	✿					
Rosa gallica **Essig-Rose**	50–100 cm rosarot						✿	✿					
Genista tinctoria **Färber-Ginster**	15–40 cm gelb						✿	✿	✿				
Calluna vulgaris **Besenheide**	20–80 cm rosa							✿	✿	✿	✿		
Gehölze ab Substrathöhe von 50 cm intensives Dachsubstrat, mit Bewässerung													
Amelanchier ovalis var. pumila **Zwerg-Felsenbirne**	80–180 cm weiß				✿	✿							
Chamaecytisus ratisbonensis **Regensburger Zwergginster**	40–100 cm gelb, rotbraun gefleckt				✿	✿							
Cotoneaster integerrimus **Gewöhnliche Zwergmispel**	50–150 cm weiß				✿	✿							
Salix repens var. nitida (argentea) **Sand-Weide**	80–150 cm gelblich				✿	✿							
Pinus mugo var. pumilio **Kriech-Kiefer**	30–50 cm rosa bräunlich					✿	✿						
Chamaecytisus supinus **Kopf-Zwergginster**	30–80 cm hellgelb, rötlicher Fleck					✿	✿	✿	✿				
Genista anglica **Englischer Ginster**	30–60 cm gelb, kalkmeidend					✿	✿	✿	✿				
Genista germanica **Deutscher Ginster**	30–60 cm gelb, kalkmeidend					✿	✿	✿	✿				
Chamaecytisus austriacus **Österreichischer Geißklee**	50–70 cm gelb						✿	✿	✿				
Cytisus nigricans **Schwarzer Geißklee**	50–100 cm gelb						✿	✿	✿				

Sonniges bis halbschattiges Garagen-Flachdach für Vögel

Steckbrief

Dachfläche:	etwa 20 m²
Dachneigung:	0 Grad (mit oder ohne Gefälle)
Exposition:	sonnig bis halbschattig
Substrathöhe:	12 – 15 cm, an einigen Stellen bis 40 cm erhöhen
Substratgemisch:	intensives Dachsubstrat (vulkanischer Bims mit 20 % Humusanteil)
Aufbaugewicht:	150 – 180 kg/m²
Techn. Vorgehen:	einschichtige Bauweise (s. S. 34)
Begrünung:	Bepflanzung mit Stauden und Zwerggehölzen (s. ab S. 66) sowie Saatgut (s. ab S. 62)
Mulchdecke:	heller Splitt oder Kies nach Belieben
Tierquartiere:	verschiedene Nistkästen an der Hauswand
Sonstiges:	Vogeltränke mit Sitzwarte aus schönem Ast

In halbschattigen Lagen kann man Stauden und Zwerggehölze ansiedeln, die Samen und Früchte für Vögel bieten. So lassen sich auch Vogelarten beobachten, die man am Futterhäuschen eher selten zu Gesicht bekommt, wie Rotkehlchen, Amsel oder Drossel.

Für die Stauden ist die angegebene Substrathöhe ausreichend, die Zwerggehölze setzt man einzeln in Substrathügel von bis zu 40 Zentimeter Höhe und 100 Zentimeter Durchmesser, die man vorher mit Steinen oder Holz begrenzt hat (siehe Seite 124).

Vögel werden die exponierte Lage auf dem Dach zu schätzen wissen, denn dort sind sie sicher vor Katzen. Eine Gefahr können zum Garagendach zeigende Fensterscheiben ohne Gardine sein, in denen sich die Umgebung spiegelt. Beklebt man die Scheibe mit einer Spezialfolie, die ein nur für Vögel sichtbares Punkt- oder Streifenmuster zeigt, wird der Ort für Vögel sicherer.

Eine Vogeltränke in Form einer flachen Wasserschale ist eine schöne Ergänzung auf dem Dach (siehe auch ab Seite 110). Vögel lieben die Rundumsicht an der Tränke. Die Tränke muss man regelmäßig säubern und nachfüllen. Deshalb stellt man sie dort auf, wo man das Dach betreten kann. Ist es nicht betretbar, kann man eine Tränke vielleicht auch vom Fenster aus reinigen und befüllen. Umpflanzen Sie die Vogeltränke mit niedrigem Weißem Mauerpfeffer und säen Sie dazwischen Kelch-Steinkraut ein.

Auch Insekten leiden in trockenen Sommern an Wassermangel. Eine flache Insektentränke, zum Beispiel ein großer Untersetzer für Blumentöpfe, brauchen Sie nicht wöchentlich zu reinigen. Damit die Insekten nicht darin ertrinken, sollten Sie einen Stein mit Kontakt zum Rand hineinlegen.

Sonniges bis halbschattiges Flachdach für Vögel – Pflanzen für 20 m²

Botanischer Name ***Deutscher Name***	***Blütenfarbe*** ***Anzahl bei 20 m²***	*J*	*F*	*M*	*A*	*M*	*J*	*J*	*A*	*S*	*O*	*N*	*D*
Alyssum alyssoides **Kelch-Steinkraut**	gelb 2 Portionen Saatgut				✿	✿	✿	✿	✿	✿			
Silene (Lychnis) viscaria **Gewöhnliche Pechnelke**	rosarot 20 Stück					✿	✿	✿					
Rosa gallica **Essig-Rose**	rosarot 2 Stück						✿	✿					
Sedum album **Weißer Mauerpfeffer,** **Weiße Fetthenne**	weiß 15 Stück						✿	✿					
Dianthus carthusianorum **Kartäuser-Nelke**	purpur 15 Stück						✿	✿	✿	✿			
Galium verum **Echtes Labkraut**	gelb 10 Stück						✿	✿	✿	✿			
Oenothera biennis **Gewöhnliche Nachtkerze**	gelb 5 Stück						✿	✿	✿	✿			
Scabiosa lucida **Glänzende Skabiose**	lila 10 Stück						✿	✿	✿	✿			
Carlina vulgaris **Gewöhnliche Golddistel**	goldgelb 15 Stück							✿	✿	✿			
Centaurea stoebe **Rispen-Flockenblume**	trüb purpur 10 Stück							✿	✿	✿			
Verbascum densiflorum **Großblütige Königskerze**	gelb 5 Stück							✿	✿	✿			
Verbascum densiflorum **Großblütige Königskerze**	gelb 1 Portion Saatgut							✿	✿	✿			
Calluna vulgaris **Besenheide**	rosa 2 Stück							✿	✿	✿	✿		
Aster linosyris **Gold-Aster**	gelb 10 Stück								✿	✿			

Unser Tipp

Nistkästen für Höhlen- und Halbhöhlenbrüter wie Meisen, Trauerschnäpper, Rotschwänzchen und andere sollten stets so aufgehängt werden, dass sie nicht genau nach Süden zeigen, denn dann wird es in der Nisthöhle zu heiß. Optimal ist eine südöstliche Richtung mit Morgensonne und Mittagsschatten. Nisthöhlen aus Holzbeton haben generell ein besseres Innenklima als solche aus Holz (ausgewählte Bezugsquellen siehe Seite 187).

Der Rand der Folie wird senkrecht gestellt und das lehmige Substrat innen mit einer Reihe von Steinen eingefasst. Sie verhindern, dass Substrat nach innen in die Mitte rutscht.

Schon kurz nach der Fertigstellung kann sich das Ergebnis sehen lassen: Die Pflanzen sind eingepflanzt und die Ansitzsteine für Vögel und Insekten liegen im Wasser.

Vogeltränke und Vogelbad auf dem Dach

In trockenen Sommer leiden viele Vögel unter Wassermangel. In Gärten sind sie am Wasser zudem durch Katzen gefährdet. Ein blühendes Dach ist sicher, aber das Nachfüllen und Reinigen der Tränke muss bei der Planung gut bedacht sein.

Blumentopfuntersetzer ...

Flache Gefäße wie Blumentopfuntersetzer trocknen schnell aus und es bildet sich ein Biofilm mit Krankheitserregern, die unter den Vögeln weitergegeben werden können. Außerdem legen Stechmücken dort gerne ihre Eier ab. Deshalb sollte man Wasserschalen im Sommer regelmäßig reinigen. Dazu muss man auf das Dach steigen und eine Gießkanne und Bürste mitnehmen. Besser eignen sich größere flache Wannen, wie große Untersetzer für Pflanzenkübel oder Katzentoiletten.

Wichtig ist, dass ein Stein oder mehrere Steine im Wassergefäß liegen, die über die Wasseroberfläche hinausragen, damit sich hineingefallene Insekten retten können. Das Wasserbecken sollte direkt auf dem Vlies stehen und von Kies oder Steinen eingerahmt sein. Drumherum pflanzt man nur niedrigen Mauerpfeffer, damit die Vögel immer einen Rundumblick haben.

... oder eine große Vogeltränke aus Folie und Uferpflanzen

Kleinere Folienteiche auf dem Dach sehen schön aus und trocknen nicht so schnell aus. Das Nachfüllen kann man auch mithilfe eines eigens dafür verlegten Schlauchs oder einer Leitung vom Boden aus bewerkstelligen. Macht man das im Sommer jede Woche, können sich dort auch keine Mückenlarven entwickeln. Diese Art von Vogeltränke eignet sich nur, wenn Sie das Dach gut erreichen können.

Wichtig: Bepflanzen Sie auch das Ufer des Teiches, denn diese Pflanzen reinigen das Wasser!
Passende Uferpflanzen sind zum Beispiel (alle blühen ab etwa Mai und teils bis in den Frühherbst):
Kriechender Günsel (Ajuga reptans, blaue Blüte), **Sumpf-Hornklee** (Lotus pedunculatus, gelbe Blüte),
Pfennig-Gilbweiderich (Lysimachia nummularia, gelbe Blüte),
Rosen-Primel (Primula rosea (n.h.), rosa Blüte), **Sumpf-Helmkraut** (Scutellaria galericulata, blaue Blüte)
Sumpf-Vergissmeinnicht (Myosotis scorpioides, blaue Blüte) und die **Sorte 'Icepearl'** mit weißer Blüte,
Kukucks-Lichtnelke (Lychnis flos-cuculi, rosarote Blüte).

Achten Sie beim Bau darauf, dass ein Vlies zwischen der Dachbegrünungsfolie und der Teichfolie liegt, damit die beiden Folien nicht chemisch miteinander reagieren und dadurch die Dachdichtung beschädigt wird. Auf die Teichfolie kann eine zweite Lage Vlies (kein Muss): Auch im Inneren, wo keine Bepflanzung ist, kann man sie weglassen, um den Teich besser reinigen zu können. Am Innenrand des Teiches bauen Sie dann aus Steinen und Holz von Laubbäumen eine Vegetationszone. Als Substrat geben Sie 2–3 cm Lehm oder Unterboden hinein und füllen darüber Kies. Drei bis vier flache Steine in der Mitte, die zum Reinigen leicht entnommen werden können, dienen als Ansitzfläche für Vögel und Insekten.

Zum Reinigen (einmal im Jahr genügt in aller Regel) entfernen Sie Algen, wobei die Uferpflanzen das Wasser auch recht gut sauber halten. Nur wenn es stark verschmutzt ist, müssen Sie das Wasser entfernen. Das machen Sie am besten im Sommer, indem Sie die Vogeltränke austrocknen lassen. Stellen Sie den Tieren in dieser Zeit eine Schale mit Wasser als Ersatz auf das Dach. Den Uferpflanzen macht dieses kurzzeitige Trockenfallen nichts aus. Dann können Sie alle Verschmutzungen zusammenfegen und die Fläche feucht ausreiben.

Wenn Sie in Urlaub fahren, muss gewährleistet sein, dass Wasser nachgefüllt wird, damit die Vögel und Insekten gerade in der heißen Jahreszeit am gewohnten Ort immer Wasser finden.

Schattiges Garagen-Flachdach für Käfer und Co.

Steckbrief

Dachfläche:	etwa 12 m^2
Dachneigung:	0 Grad (mit oder ohne Gefälle)
Exposition:	schattig
Substrathöhe:	20–25 cm
Substratgemisch:	intensives Dachsubstrat mit zusätzlich 10 % Humusanteil
Aufbaugewicht:	220–270 kg/m^2
Techn. Vorgehen:	einschichtige Bauweise (s. S. 34)
Begrünung:	Bepflanzung mit Stauden (s. ab S. 66)
Dekoration:	Holzstubben, Wurzelstücke
Tierquartiere:	Holzhaufen für Insekten und Gliedertiere

Je schattiger ein Standort in der Natur ist, desto länger hält sich die Feuchtigkeit und die Pflanzen verdunsten durch die Beschattung auch weniger Wasser. Sie müssen aber trotzdem auch mit längerer Trockenheit gut klarkommen. Im Falle einer Dachbegrünung bedeutet dies, dass die Substratschicht dicker sein muss – mindestens 20 Zentimeter (außer in Regionen mit Niederschlagsmengen über 700 Millimeter) – und ein höherer Humusanteil notwendig ist. Damit speichert das Substrat mehr Wasser, was ebenfalls höhere Dachlasten voraussetzt.

Besonders naturnah ist ein schattiges Dach, wenn Sie es mit standortgerechten Farnen und Frühblühern bepflanzen. Zusammen mit Holzstücken kann man so ein waldrandähnliches Biotop schaffen, in dem sich das eine oder andere Insekt aufhalten kann. Mit Holz- und Rindenstücken aus dem Wald trägt man vielleicht auch Insektenlarven ein, die sich dort ungestört entwickeln können, sofern ihnen die Umgebung zusagt. Eine schöne Wurzel, ein Baumstubben oder ein kleiner Holzstapel passen als Dekoration dazu. Packen Sie zusätzlich noch Laub unter den Holzhaufen, so wird er sogar zum Winterquartier für Marienkäfer und andere Tiere.

Unser Tipp

Bauen Sie größere Holzstücke und Wurzeln in das Substrat mit ein. Sie bieten einen kleinen Lebensraum. Durch die Zersetzung wird das Holz mit der Zeit porös und kann so das Wasser wie ein Schwamm speichern. Wenn Sie die Pflanzen in kleinen Gruppen im Schutz der Holzteile pflanzen, ergibt sich ein natürliches Bild. Übrigens: Verwenden Sie auf dem Dach keinen Rindenmulch. Er ist zu leicht und wird bei Trockenheit vom Wind fortgeweht.

Schattiges Flachdach für Käfer – Pflanzen für 12 m²

Botanischer Name *Deutscher Name*	*Blütenfarbe* *Anzahl bei 12 m²*	*J*	*F*	*M*	*A*	*M*	*J*	*J*	*A*	*S*	*O*	*N*	*D*
Polypodium vulgare **Gewöhnlicher Tüpfelfarn**	keine Blüte 15 Stück												
Anemone blanda 'Blue Shades' (n.h.) **Balkan-Anemone**	blau, schattiert 20 Stück		✿	✿	✿								
Anemone blanda 'White Splendour' (n.h.) **Balkan-Anemone**	weiß 20 Stück		✿	✿	✿								
Euphorbia cyparissias **Zypressen-Wolfsmilch**	gelb 20 Stück				✿	✿	✿						
Stellaria holostea **Große Sternmiere**	weiß 20 Stück				✿	✿	✿						
Polygonatum odoratum **Echtes Salomonssiegel**	weiß 10 Stück					✿	✿						
Geranium robertianum **Ruprechtskraut,** **Stink-Storchschnabel**	rosa 20 Stück					✿	✿	✿	✿	✿	✿		
Anthericum ramosum **Graslilie**	weiß 30 Stück						✿	✿	✿				
Sedum telephium ssp. maximum **Hohe Fetthenne**	hellgelb 15 Stück									✿	✿		

(n.h.) bedeutet »nicht heimisch«, siehe Erklärung Seite 136

Besonders naturnah wirkt die Bepflanzung, wenn sie nach dem Vorbild eines Waldrandes gestaltet wird

Für solch große und schwere Stämme braucht man sehr viel Lastreserven. Leichtere, liegende Äste kommen auch Käfern zugute, stehendes Totholz ist zum Beispiel auch ein beliebter Ansitz für Vögel.

Totholz auf dem Dach

Stammstücke, Äste und Zweige werden von vielen Insekten als Winterquartier, für die Eiablage oder als Nahrung genutzt.

Je nach Holzart und dessen Bearbeitung nutzen die unterschiedlichsten Käfer, Wildbienen, winzige Holzwespen und andere Gattungen heimisches Hartholz wie Eiche, Buche oder auch Obstbaumholz.

Unter der Borke wird man eher überwinternde Insekten wie Marienkäfer finden. Ist die Borke entfernt, zum Beispiel an einer Seite des Stammes, kann man dort etwa 15 Zentimeter lange Löcher von 2–5 mm Durchmesser ins Holz bohren und lockt so zahlreiche Wildbienenarten an. Diese nutzen bevorzugt nach Süden ausgerichtete Gänge für die Eiablage.

Am schönsten sieht ein Arrangement aus stehenden Stammstücken (Stubben) mit darum gruppierten Ästen aus. Ein stehendes Stammstück gräbt man bis auf die Vliesschicht ein und befestigt es mit liegendem Totholz und Steinen, damit es nicht umfallen kann. Verzichtet man an dieser Stelle auf Substrat und füllt stattdessen lehmigen Sand auf, bleibt die Fläche weitgehend frei von Pflanzen und bietet ein Sonnenplätzchen für weitere Tiere, zum Beispiel Vögel, die gerne ein Sonnenbad nehmen. Liegendes Totholz legt man ebenfalls – nach Belieben kreuz und quer – auf das Drainagevlies, verfüllt dann die Hohlräume mit Sand. So bleibt diese Fläche fast vegetationsfrei, was auch Eidechsen lieben, die auch mal auf Dächer, die nicht höher als zwei bis drei Meter sind, hinaufklettern.

Da solch eine Totholzgruppe mit Sandplatz mehr wiegt als das Dachsubstrat, sollte die Sandschicht nur halb so dick sein, wie es die Substratschicht auf der übrigen Fläche ist.

Totholz kann man nie genug haben: Eingegraben, dient es zum Beispiel Käfern als Brutstätte und strukturiert die Dachfläche (links). Rechts eine Gestaltung speziell für Eidechsen mit Sandplätzen zwischen den Hölzern: Sandflächen müssen immer zu 50 Prozent frei von Vegetation sein, damit sowohl Eidechsen dort ihre Eier ablegen als auch Insekten ihre Brutröhren graben können.

Auf diesem Dach (rechts unten) und sechs anderen begrünten Dächern in Hamburg wurden Käferfallen (ein Beispiel links unten) eingegraben, um die Käferfauna wissenschaftlich zu erforschen. Denn obwohl man weiß, wie wertvoll begrünte Dächer in vielerlei Hinsicht sind, gibt es bislang nur wenige Studien zur Wirksamkeit für die Biodiversität. Die Hamburger Studie, die mindestens noch das Jahr 2025 erfassen soll, wählte nun die Käfer als Studienobjekt. Dabei wurden bislang über 380 Käferarten nachgewiesen, darunter auch bedrohte Arten. Die Studie zeigte auch, dass besonders dickere Substratschichten besseren Lebensraum für Pflanzen und Insekten bieten. Die Ergebnisse sollen auch der Gründachstrategie (seit 2014) der Stadt Hamburg dienen, in deren Zuge sowohl Neubauten als auch sanierungsbedürftige Dächer zu begrünen sind. Zum Nachlesen: Bornholdt et al.: Käfer erobern Hamburgs Gründächer. In: Naturschutz und Landschaftsplanung 56 (04) 2024.

Flachdach am Haus mit geneigten PV-Modulen in einer Reihe

Steckbrief

Dachfläche:	etwa 20 m²
Dachneigung:	0–4 Grad
Exposition:	sonnig, südliche Richtungen
Substrathöhe:	10–20 cm
Substratgemisch:	intensives Dachsubstrat (vulkanisches Lava-Bims-Gemisch mit 20 % Kompost)
Aufbaugewicht:	150–250 kg/m² (im Bereich der Module ist das Aufbaugewicht durch die niedrigere Substrathöhe kleiner, um die Last der Module aufzufangen)
Techn. Vorgehen:	einschichtige Bauweise (s. S. 34) mit Kies (und gegebenenfalls Platten als Auflast für die Modulhalterungen)
Begrünung:	Bepflanzung mit Stauden (s. ab S. 66) sowie Saatgut (s. ab S. 62)

Eine auflastgehaltene PV-Anlage steht nahe der Hauswand auf einem Flachdach. Vor den Modulen sind Substratschicht und Begrünung niedrig, damit es nicht zur Verschattung kommt. Die Modulständer werden auf das oberste Vlies gestellt und von Platten und einer Kiesschicht gehalten. Alternativ können Sie dort auf dünner Substratschicht (8–10 cm) eine flache Vegetation,

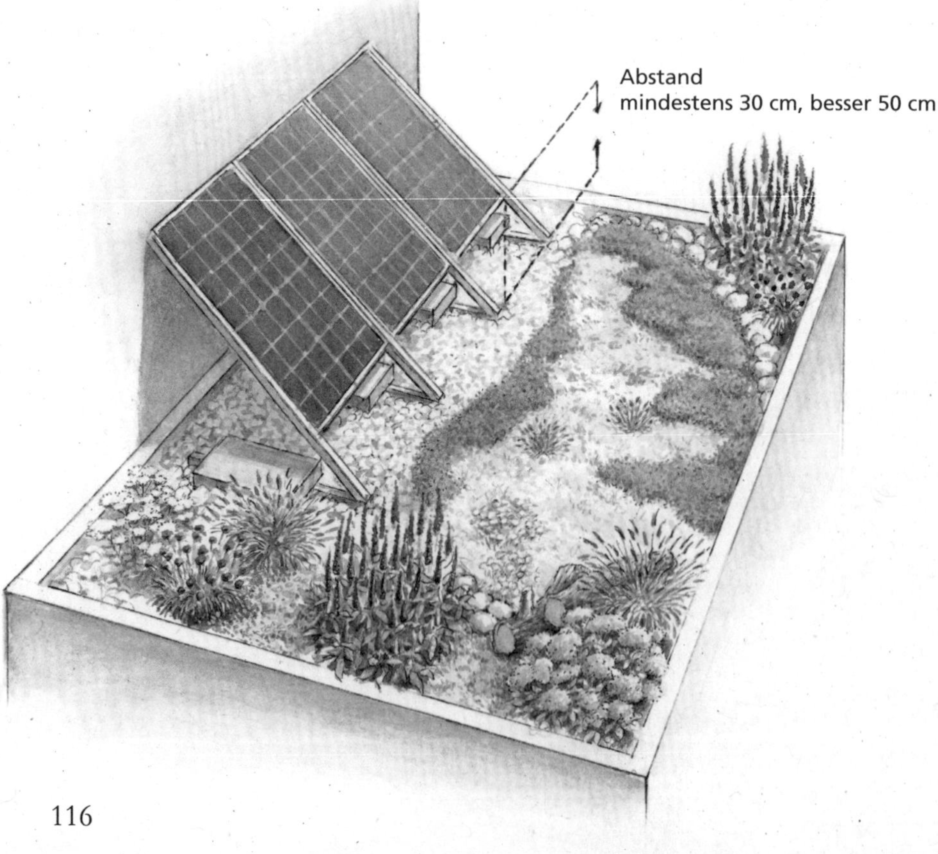

zum Beispiel aus Sedum und Steinkraut, pflanzen. Unter den Modulen wird nicht gepflanzt, dort ist es zu trocken. Am hinteren Rand und an den Seiten säen Sie einige Arten an. Vor allem vor den Modulen wird dann gepflanzt: die niedrigeren Stauden nahe der Module, die übrigen in Gruppen von jeweils drei bis fünf Pflanzen auf der restlichen Fläche. Dort fügt man dem etwa 20 Zentimeter hohen Substrat auch mehr Humus bei.

Unser Tipp

Die Regelung, wonach PV-Module aus Brandschutzgründen 0,5 Meter Abstand zur Fassade haben müssen, wird gerade (Stand 2025) in mehreren Bundesländern wieder aufgehoben.

Flachdach mit geneigten PV-Modulen, einreihig – Pflanzen für 20 m²

Botanischer Name *Deutscher Name*	*Blütenfarbe* *Anzahl*	*J*	*F*	*M*	*A*	*M*	*J*	*J*	*A*	*S*	*O*	*N*	*D*
Stauden für die Fläche vor den Modulen – Pflanzen für etwa 12 m²													
Iris pumila **Zwerg-Schwertlilie**	violett 7 Stück				✿	✿							
Potentilla tabernaemontani (verna / neumanniana) **Frühlings-Fingerkraut**	gelb 15 Stück				✿	✿	✿						
Globularia punctata **Gewöhnliche Kugelblume**	blau 10 Stück					✿	✿						
Veronica prostrata 'Alba' **Liegender Ehrenpreis**	weiß 10 Stück					✿	✿						
Thymus praecox **Frühblühender Thymian**	rosa 15 Stück					✿	✿	✿					
Gypsophila repens **Kriechendes Gipskraut**	weiß bis rosa 15 Stück					✿	✿	✿	✿				
Saxifraga paniculata Trauben-Steinbrech, **Rispen-Steinbrech**	weiß 15 Stück					✿	✿	✿	✿				
Hieracium pilosella **Kleines Habichtskraut**	gelb 15 Stück					✿	✿	✿	✿	✿	✿		
Sedum album **Weißer Mauerpfeffer, Weiße Fetthenne**	weiß 20 Stück						✿	✿					
Allium senescens ssp. montanum (lusitanicum) **Berg-Lauch**	rosa 10 Stück						✿	✿	✿				
Sedum rupestre **Tripmadam, Felsen-Fetthenne**	gelb 20 Stück						✿	✿	✿				

Fortsetzung der Tabelle auf der folgenden Seite →

Botanischer Name ***Deutscher Name***	***Blütenfarbe*** ***Anzahl***	*J*	*F*	*M*	*A*	*M*	*J*	*J*	*A*	*S*	*O*	*N*	*D*
Dianthus carthusianorum **Kartäuser-Nelke**	purpur 15 Stück						✿	✿	✿	✿			
Helianthemum nummularium **Gewöhnliches Sonnenröschen**	gelb 15 Stück						✿	✿	✿	✿			
Scabiosa lucida **Glänzende Skabiose**	lila 10 Stück						✿	✿	✿	✿			
Teucrium chamaedrys **Edel-Gamander**	rosa 15 Stück							✿	✿				
außerdem Ansaat am hinteren Rand und an den Seiten der Module mit:													
Echium plantagineum (n.h.) **Wegerichblättriger Natternkopf**	rosablau 2 Portionen Saatgut				✿	✿	✿	✿					
Alyssum alyssoides **Kelch-Steinkraut**	gelb 2 Portionen Saatgut				✿	✿	✿	✿	✿	✿			
Calendula arvensis **Acker-Ringelblume**	hellgelb 2 Portionen Saatgut					✿	✿	✿	✿	✿	✿		
Geranium robertianum **Ruprechtskraut, Stink-Storchschnabel**	rosa 1 Portion Saatgut					✿	✿	✿	✿	✿	✿		
Sedum acre **Scharfer Mauerpfeffer**	goldgelb 2 Portionen Saatgut						✿	✿	✿				
Campanula rotundifolia **Rundblättrige Glockenblume**	blau 1 Portion Saatgut						✿	✿	✿	✿			

(n.h.) bedeutet »nicht heimisch«, siehe Erklärung Seite 136

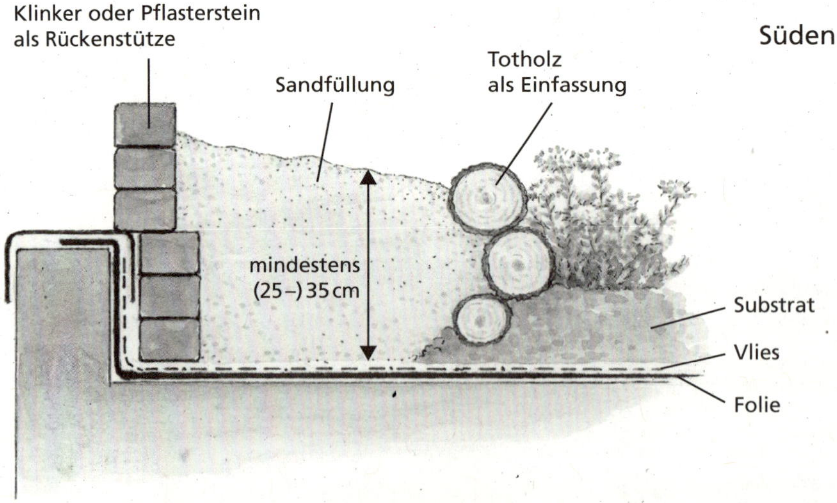

Ein nach Süden zeigender Sandhaufen bietet Sandbienen Eiablageplätze, solange er nicht bewachsen ist. Nahe und über einer tragenden Mauer spielt das Gewicht von Steinen und Sand keine Rolle.

Sandlinse auf dem Dach

Offene, sandige Bodenstellen sind in unserer Landschaft äußerst selten. Es gibt sie fast nur noch dort, wo die Vegetation regelmäßig im Abstand von drei bis vier Jahren entfernt wird oder wo von Natur aus fast nichts wächst (wenn zum Beispiel entlang der Hauswand statt des üblichen Kiesstreifens dort Sand liegt). Dadurch sind einige Wildbienenarten, die sandigen Boden brauchen, extrem selten geworden. In solche Böden graben die Bienenweibchen ihre Brutröhren und legen Eier hinein. Es gibt auch Grabwespen, die ähnliche Ansprüche haben, und betäubte tierische Nahrung als Larvenfutter deponieren.

Wenn Sie etwas für bodennistende Wildbienen und Grabwespen tun möchten, bauen Sie am besten eine Sandlinse auf dem sonnigen Dach. Da sie recht schwer wird, eignet sich dafür nur eine Ecke des Gebäudes über den beiden Stützmauern oder eine Fläche an der Hauswand (Sand wiegt wassergesättigt etwa 2 Tonnen pro Kubikmeter). Die Sandlinse sollte mindestens (25–)35 cm hoch (beziehungsweise tief) sein und eine Größe von 1–2 m² haben: je größer und je tiefer, desto besser. Viele Arten brauchen mehr als 25 cm, beachten Sie aber das Gewicht des Ganzen. Der Sand muss ungewaschen, fein und leicht bindig (mit geringem Schluff- und Lehmanteil) sein. Damit keine Feuchtigkeit aus dem Substrat in den Sand aufsteigt, kann die Sandlinse entweder direkt auf dem Vlies, das auf der Dachbegrünungsfolie liegt, aufgehäuft werden. Oder Sie geben eine dünne Schicht Kies als Drainageschicht zwischen Substrat und Sand.

Eingefasst wird der Sandhaufen mit Totholz oder Lavasteinen (die leichter sind als andere Steine), über tragenden Mauern kann die »Rückenstütze« auch aus Klinkern oder Pflastersteinen bestehen. Oder Sie bauen eine Stütze aus einem L-förmigen, etwa 40 cm hohen Brett. Die Winkel für den mindestens 20 cm langen Fuß müssen rostfrei verschraubt und stabil sein. Füllen Sie den Sand auf den Fuß des Brettes und darüber hinaus.

Klopfen Sie den Sand dann schichtweise mit der Schaufel fest. Sie können ihn auch etwas modellieren, sodass Steilkanten entstehen, am besten Richtung Süden. Insgesamt sollte die Fläche etwas schräg nach Süden zeigend abfallen. Sie können probehalber einige dünne Löcher stechen, um zu sehen, ob die so entstandenen Gänge stabil bleiben. Wird die Fläche angenommen, fliegen die Jungbienen im Spätsommer aus. Die Sandlinse sollte möglichst dauerhaft frei von Vegetation gehalten werden. Ist es auf dem Dach nicht möglich, eignet sich ebenerdig eine nach Süden gerichtete Wand unter einem Dachüberstand genauso gut dafür.

Flachdach mit geneigten PV-Modulen in zwei gegenüberliegenden Reihen

Steckbrief

Dachfläche gesamt:	etwa 20 m²
Dachneigung:	0 Grad (mit oder ohne Gefälle)
Techn. Vorgehen:	einschichtige Bauweise (s. S. 34)

Beetfläche unter den Modulen: etwa 10 m², trocken und schattig

Substrathöhe:	20–30 cm
Substratgemisch:	intensives Dachsubstrat (vulkanisches Lava-Bims-Gemisch mit 20–25 % Kompost)
Aufbaugewicht:	250–380 kg/m²
Begrünung:	direkt unter den Modulen keine Begrünung, dort ist es zu trocken, an den Rändern Bepflanzung mit Stauden (s. ab S. 66)
Dekoration:	Totholz

Beetfläche vor den Modulen: etwa 10 m², sonnig bis halbschattig

Substrathöhe:	20–30 cm
Substratgemisch:	intensives Dachsubstrat (vulkanisches Lava-Bims-Gemisch mit 20–25 % Kompost)
Aufbaugewicht:	250–380 kg/m²
Begrünung:	Bepflanzung mit Stauden (s. ab S. 66)

Beetfläche, Weg zwischen den Modulen: etwa 4 m², halbschattig

Substrathöhe:	20–30 cm
Substratgemisch:	intensives Dachsubstrat (vulkanisches Lava-Bims-Gemisch mit 20–25 % Kompost)
Aufbaugewicht:	250–380 kg/m²
Begrünung:	mit Saatgut (s. ab S. 62)

Frei stehende Nebengebäude mit Flachdach können die Sonne noch besser einfangen als solche, die an ein Wohngebäude grenzen. In solchen Fällen lohnt es sich, die PV-Module nach Osten und nach Westen auszurichten, denn morgens und am späteren Nachmittag ist in den meisten Haushalten mit erhöhtem Strombedarf zu rechnen.

Je höher die Module aufgeständert werden, desto vielfältiger kann die Bepflanzung am Rand der Module und vor ihnen sein. Vor den Modulen ist es eher sonnig, darunter meist schattig und trocken. So passen am Rand der Module Farne, Gräser und Stauden des Lebensraums Hecke am besten. Das dazu passende Substrat sollte mindestens 20, besser 30 Zentimeter hoch sein und mit 20 bis 25 Prozent Humus oder zertifiziertem Kompost angereichert sein. Totholz in Form von Ästen und Wurzelstücken sollten den Boden zwischen den Pflanzen bedecken. So wird auch das wenige Wasser, das im Substrat und Vlies horizontal geleitet wird, besser gespeichert. Längere Äste oder

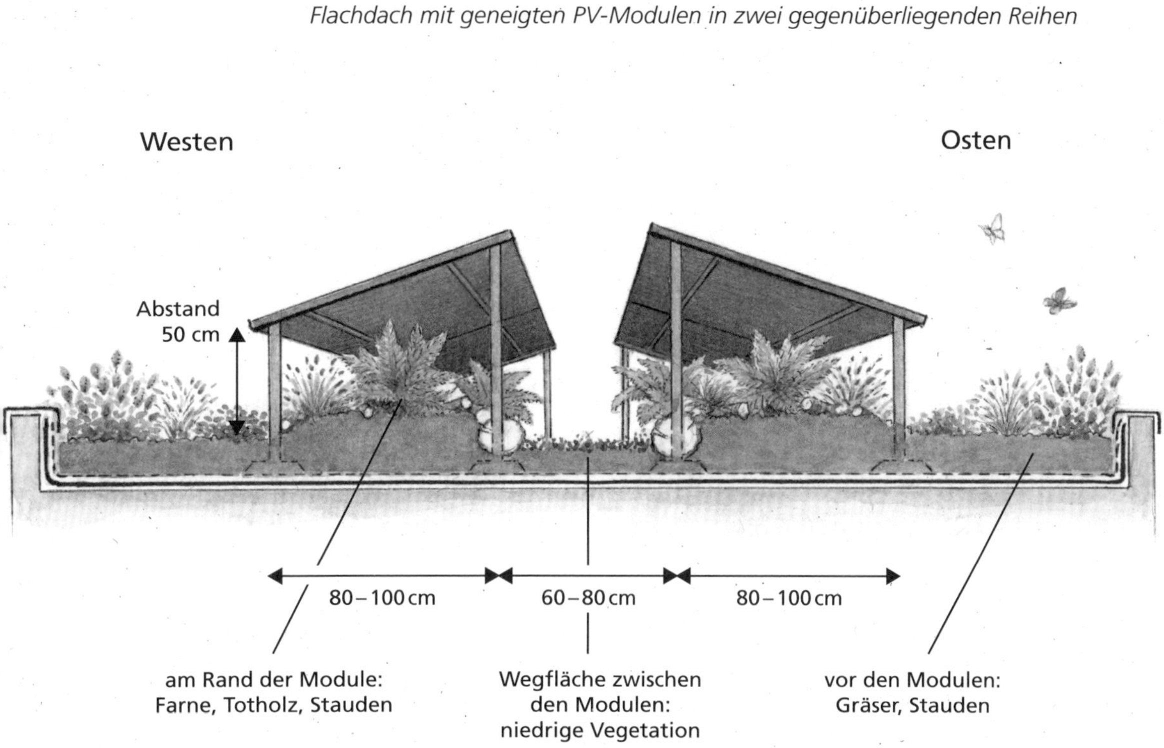

unbehandelte Rundhölzer können auch verwendet werden, um die schattigen Beete von sonnigen Bereichen abzugrenzen. Direkt unter den Modulen wird nicht gepflanzt, dort ist es zu trocken.

Vor den Modulen ist es sonnig bis halbschattig. Dort können bei 50 Zentimeter hoch aufgeständerten PV-Modulen auch anspruchsvollere Stauden wachsen. Sie bekommen den ablaufenden Regen der Module und damit eine Extragabe Wasser von oben. Pflanzen Sie die niedrigeren Stauden nahe der Module. Die übrigen Arten verteilen Sie dann in Gruppen von jeweils drei bis fünf Pflanzen auf der restlichen Fläche.

Die sonnige Wegfläche zwischen den Modulen wird mit Saatgut eingesät. Diese Fläche ist für die jährliche Inspektion und Pflege begehbar.

Unser Tipp

Die Einsaat zwischen den Modulständern kann vor der Montage der Module erfolgen. Die Bepflanzung zwischen und vor den Modulen dagegen erst nach Montage.

Die Pflanzenlisten für dieses Beispiel finden Sie auf der nächsten Seite.

Flachdach mit geneigten PV-Modulen in zwei gegenüberliegenden Reihen – Pflanzen für 20 m²

Botanischer Name *Deutscher Name*	*Blütenfarbe* *Anzahl*	*J*	*F*	*M*	*A*	*M*	*J*	*J*	*A*	*S*	*O*	*N*	*D*
Sonnige Wegfläche zwischen den Modulen – Ansaat für etwa 4 m²													
Calendula arvensis **Acker-Ringelblume**	hellgelb 2 Portionen Saatgut					✿	✿	✿	✿	✿	✿		
Geranium robertianum **Ruprechtskraut, Stink-Storchschnabel**	rosa 1 Portion Saatgut					✿	✿	✿	✿	✿	✿		
Sedum acre **Scharfer Mauerpfeffer**	goldgelb 1 Portion Saatgut						✿	✿	✿				
Stauden an den Rändern der Module – Pflanzen für etwa 6 m²													
Anthericum ramosum **Ästige Graslilie**	weiß 10 Stück						✿	✿	✿				
Campanula rotundifolia **Rundblättrige Glockenblume**	blau 1 Portion Saatgut						✿	✿	✿	✿			
Dryopteris filix-mas **Gewöhnlicher Wurmfarn**	keine Blüte 4 Stück												
Polypodium vulgare **Gewöhnlicher Tüpfelfarn, Engelsüß**	keine Blüte 4 Stück												
Stauden und Zwiebeln für die Fläche vor den Modulen – Pflanzen für etwa 10 m²													
Tulipa humilis (n.h.) **Niedrige Tulpe**	violettrosa mit gelber Mitte 60 Stück			✿✿	✿✿								
Muscari neglectum **Weinbergs-Traubenhyazinthe**	schwarzblau, weißer Rand 100 Stück				✿	✿							
Veronica prostrata (rupestris) **Liegender Ehrenpreis**	himmelblau 10 Stück				✿	✿	✿						
Dianthus gratianopolitanus **Pfingst-Nelke**	hellpurpur 10 Stück					✿	✿						
Silene nutans **Nickendes Leimkraut**	weiß 10 Stück					✿	✿	✿	✿				
Sedum album 'Coral Carpet' **Weißer Mauerpfeffer, Weiße Fetthenne**	weiß 20 Stück						✿	✿					
Asperula cynanchica **Hügel-Meier**	rosaweiß 15 Stück						✿	✿	✿				
Linum flavum **Gelber Lein**	gelb 10 Stück						✿	✿	✿				

Botanischer Name ***Deutscher Name***	***Blütenfarbe*** ***Anzahl***	*J*	*F*	*M*	*A*	*M*	*J*	*J*	*A*	*S*	*O*	*N*	*D*
Potentilla argentea **Silber-Fingerkraut**	gelb 10 Stück						✿	✿	✿				
Veronica spicatum ssp. spicatum (Pseudolysimachion spicatum) **Ähriger Blauweiderich**	blau 10 Stück						✿	✿	✿				
Petrorhagia saxifraga **Steinbrech-Felsennelke**	rosa 10 Stück						✿	✿	✿	✿			
Thymus serpyllum **Sand-Thymian**	rosa 20 Stück						✿	✿	✿	✿			
Allium 'Millenium' **Zier-Berglauch**	violett 10 Stück							✿	✿	✿			
Campanula portenschlagiana (n.h.) **Dalmatiner-Glockenblume, Kissen-Glockenblume**	blau 10 Stück							✿	✿	✿			
Seseli montanum **Berg-Sesel**	weiß 6 Stück							✿	✿	✿			
Scabiosa columbaria **Tauben-Skabiose**	hellblau 6 Stück							✿	✿	✿	✿	✿	

(n.h.) bedeutet »nicht heimisch«, siehe Erklärung Seite 136

Extrawege sind überflüssig

Es ist nicht sinnvoll, die Fläche zwischen PV-Modulen frei von Vegetation zu halten. Denn auch wenn dort nur Kies aufgebracht wird, stellt sich nach Jahren eine Spontanvegetation mit Gräsern und manchmal sogar Gehölzen ein. Eine von Beginn an aufgebrachte Begrünung verhindert das aber weitgehend. Denn dort gibt es keinen offenen Boden mehr, den die meisten Pflanzen zum Keimen benötigen. Möchte man einen Weg, um die PV-Anlage besser warten zu können, bieten sich in die Substratdecke eingelassene Schrittplatten an. Deren Gewicht sollten Sie aber bei Berechnung der Dachlast berücksichtigen!

Das Substrat über den Außenwänden erhöhen und einen Bewässerungsschlauch verlegen

Das Substrat am Dachrand über den tragenden Mauern darf wesentlich schwerer sein als das Material im Inneren der Dachbegrünungsfläche, weil das Gewicht über die unmittelbar darunterliegende Wand abgeleitet wird. Diesen Vorteil können Sie nutzen, indem Sie das Substrat dort höher aufbauen oder kleine Substrathügel schaffen, wo dann auch anspruchsvollere oder höhere Stauden oder Zwerggehölze wachsen können. Empfehlenswerte kleine Gehölze für diesen Standort nennt die Tabelle auf Seite 107.

Die Substrathügel werden in der Regel mit mehr Kompost angereichert, weil die Zwerggehölze und Stauden in der Regel einen höheren Wasser- und Nährstoffbedarf haben. Dazu mischt man das intensive Dachsubstrat (vulkanische Lava-Bims-Mischung mit Kompostanteil) an den aufgehügelten Stellen mit zusätzlichem Kompost, bis eine Mischung aus maximal 40 % Kompost und 60 % Lavabims entstanden ist.

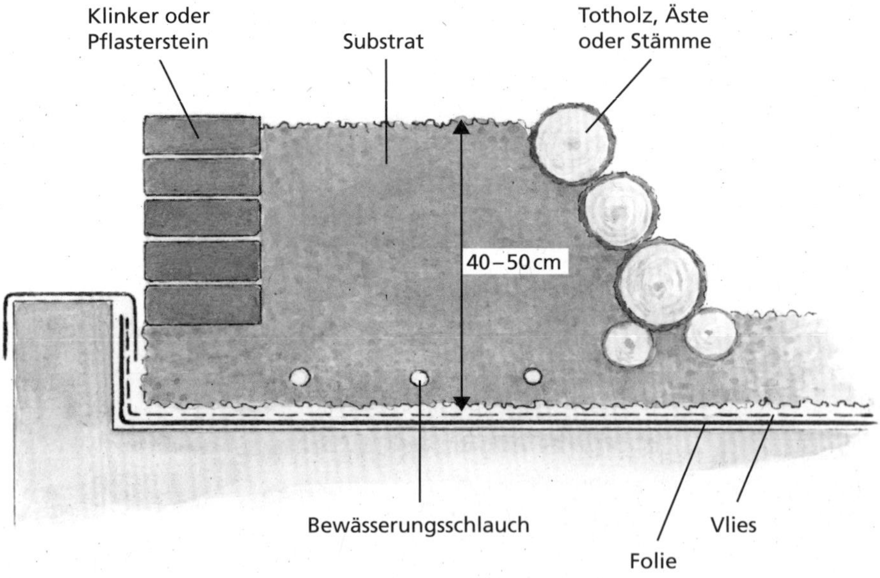

Substraterhöhung nahe einer tragenden Mauer mit Bewässerungsschlauch für anspruchsvolle Stauden und Zwerggehölze

Die Umrandung des Hügels sollte aus passendem Material bestehen: Steine in sonnigen Dachteilen und für sonnenliebende Pflanzen, Holz (Hartholz) in schattigen Ecken für die schattenliebenden Pflanzen. So entsteht ein stimmiges und naturnahes Bild.

Für eine gesicherte Bewässerung der Stauden und kleinen Gehölze können Sie zusätzlich einen Bewässerungsschlauch am Dachrand, unter dem Hügel, verlegen. Am besten eignet sich ein poröser Tropfschlauch, der 15 Zentimeter über dem Vlies (und maximal 15 Zentimeter tief unterirdisch) in zwei bis drei Bahnen ins Substrat verlegt wird.

Bewässert wird nur nach einer längeren trockenen Zeit von vier bis fünf Wochen. In Regionen mit mehr als 800 Millimeter Niederschlag pro Jahr ist es gar nicht nötig. Lassen Sie dann die Bewässerung abends oder nachts zwei bis drei Mal pro Woche jeweils zwei bis drei Stunden laufen. Bitte einmal kontrollieren, ob die Wassermenge reicht, um das Substrat zu durchfeuchten.

In niederschlagsarmen Gegenden kann man eine Tröpfchenbewässerung im Substrat verlegen. Der Tropfschlauch gibt über kleine Poren tropfenweise und verlangsamt das Wasser aus dem Schlauch an das Substrat weiter. Das ist eine im Vergleich zur Schlauch-Beregnung wassersparende Art der Bewässerung. Allerdings braucht es dafür auch einen Wasseranschluss, der auf das Dach verlegt wird (siehe hierzu auch Seite 166).

Flachdach mit senkrechten PV-Modulen in ein bis zwei Reihen

Steckbrief

Dachfläche:	etwa 20 m^2
Dachneigung:	0 Grad (mit oder ohne Gefälle)
Exposition:	sonnig bis halbschattig
Substrathöhe:	12–15 cm
Substratgemisch:	intensives Dachsubstrat (vulkanisches Lava-Bims-Gemisch mit 20 % Kompost)
Aufbaugewicht:	180–225 kg/m^2
Techn. Vorgehen:	einschichtige Bauweise (s. S. 34)
Begrünung:	Bepflanzung mit Stauden (s. ab S. 66) sowie Saatgut (s. ab S. 62)

Auch bereits begrünte Flachdächer lassen sich nachträglich solartechnisch erweitern. In solchen Fällen eignen sich zweiseitige PV-Module, die senkrecht stehen und aufgrund ihres Reihenabstands von etwa einem Meter weiterhin viel Licht an die Pflanzen lassen, besonders gut. Die Füße werden einfach auf die bestehende Begrünung gestellt oder etwa 10 Zentimeter tiefer im Substrat versenkt. Natürlich lässt sich diese Kombination aus Begrünung und senkrechten Modulen auch neu anlegen.

Zwischen den Modulen sollten Sie eine niedrige Begrünung wählen, also die niedrigeren Pflanzen setzen, und überall dort, wo es keinen Schattenwurf auf die Module gibt, können die höheren Stauden wachsen. Säen Sie die Fläche zwischen den Stauden außerdem mit einigen Arten ein.

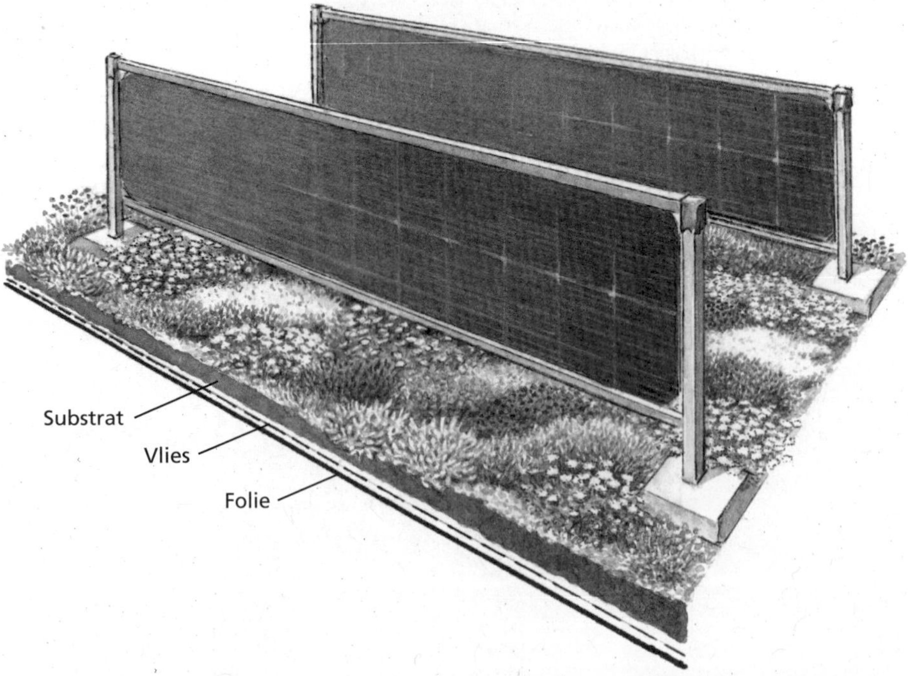

Flachdach mit senkrechten PV-Modulen in ein bis zwei Reihen – Pflanzen für 20 m²

Botanischer Name ***Deutscher Name***	***Blütenfarbe*** ***Anzahl bei 20 m²***	*J*	*F*	*M*	*A*	*M*	*J*	*J*	*A*	*S*	*O*	*N*	*D*
Iris reichenbachii (n.h.) **Reichenbachs Schwertlilie**	gelb 15 Stück				✿	✿							
Globularia cordifolia **Herzblättrige Kugelblume**	blau 15 Stück				✿	✿	✿						
Veronica prostrata 'Mrs. Holt' **Liegender Ehrenpreis**	rosa 15 Stück					✿	✿						
Saxifraga paniculata **Trauben-Steinbrech, Rispen-Steinbrech**	weiß 15 Stück					✿	✿	✿	✿				
Allium rotundum ssp. jajlae **Runder Lauch**	purpur 30 Stück						✿	✿					
Geranium dalmaticum (n.h.) **Dalmatinischer Storchschnabel**	rosa 15 Stück						✿	✿					
Sedum album **Weißer Mauerpfeffer, Weiße Fetthenne**	weiß 30 Stück						✿	✿					
Asperula cynanchica **Hügel-Meier**	rosaweiß 20 Stück						✿	✿	✿				
Fumana procumbens **Nadelröschen**	goldgelb 10 Stück						✿	✿	✿				
Sedum rupestre **Tripmadam, Felsen-Fetthenne**	gelb 30 Stück						✿	✿	✿				
Dianthus carthusianorum **Kartäuser-Nelke**	purpur 20 Stück						✿	✿	✿	✿			
Petrorhagia saxifraga **Steinbrech-Felsennelke**	rosa 30 Stück						✿	✿	✿	✿			
Teucrium chamaedrys **Edel-Gamander**	rosa 30 Stück							✿	✿				
Sedum telephium ssp. telephium **Purpur-Fetthenne**	purpur 10 Stück									✿	✿		
außerdem Ansaat zwischen den Stauden mit:													
Alyssum alyssoides **Kelch-Steinkraut**	gelb 3 Portionen Saatgut				✿	✿	✿	✿	✿	✿			
Linum austriacum **Österreichischer Lein**	blau 1 Portion Saatgut					✿	✿	✿					
Calendula arvensis **Acker-Ringelblume**	hellgelb 2 Portionen Saatgut					✿	✿	✿	✿	✿	✿		
Silene armeria **Nelken-Leimkraut**	hellpurpur 1 Portion Saatgut						✿	✿					

(n.h.) bedeutet »nicht heimisch«, siehe Erklärung Seite 136

Sonniges Gartenhaus-Pultdach

Steckbrief

Dachfläche:	etwa 5 m²
Dachneigung:	bis 15 Grad
Exposition:	sonnig
Substrathöhe:	4–6 cm
Substratgemisch:	intensives Dachsubstrat (vulkanischer Bims mit 10 % Humusanteil)
Aufbaugewicht:	40–60 kg/m²
Techn. Vorgehen:	einschichtige Bauweise (s. S. 34), Schubschwellen bei Dächern über 2 Meter Länge (s. ab S. 94)
Begrünung:	Bepflanzung mit Stauden und Sprossen (s. ab S. 65), dazu Saatgut (s. ab S. 62)

Für die vorgeschlagene Bepflanzung in diesem Beispiel muss die Dachneigung in eine südliche Richtung zeigen. So bekommen die sonnenhungrigen Pflanzen genügend Licht.

Kleinere Gartenhäuser und Geräteschuppen haben oft ein Pultdach mit etwa 12 Grad Neigung. Eine Entwässerung ist meist nicht vorgesehen, das Dachwasser tropft einfach vom Dachüberstand herunter.

Ist das Dach nur etwa 2 Meter lang, braucht man bis etwa 15 Grad Neigung weder Krallmatten noch Schubschwellen. Das Vlies und der Dachrand reichen aus, dass nichts ins Rutschen kommt. Ist das Dach länger, sollte man einige Schubschwellen im Abstand von etwa 60 Zentimetern als Rutschsicherung einbauen.

Der Aufbau ist mit 4 bis 6 Zentimeter Substratschicht recht leicht, sodass man das Dach meist nicht zusätzlich unterstützen muss. Hat man jedoch Zweifel an der Belastbarkeit, sollte man vor dem Begrünen einen weiteren Balken unter der Dachschalung einziehen, dazu einen zusätzlichen oder mehrere zusätzliche Stützpfosten, die man dann auch als Regale nutzen kann.

Sonniges Pultdach – Pflanzen für 5 m²

Botanischer Name ***Deutscher Name***	***Blütenfarbe*** ***Anzahl bei 5 m²***	*J*	*F*	*M*	*A*	*M*	*J*	*J*	*A*	*S*	*O*	*N*	*D*
Saxifraga paniculata **Trauben-Steinbrech**	weiß 10 Stück					✿	✿	✿	✿				
Sedum album **Weißer Mauerpfeffer, Weiße Fetthenne**	weiß 10 Stück						✿	✿					
Sedum sexangulare **Milder Mauerpfeffer**	gelb 10 Stück						✿	✿					
Sedum acre **Scharfer Mauerpfeffer**	goldgelb 1 Portion Saatgut						✿	✿	✿				
Sedum rupestre **Tripmadam, Felsen-Fetthenne**	gelb 10 Stück						✿	✿	✿				
Allium flavum **Gelber Lauch**	gelb 10 Stück							✿	✿				
Sempervivum arachnoideum **Spinnweben-Hauswurz**	hellrot 10 Stück							✿	✿				
Sempervivum tectorum **Dach-Hauswurz**	hellrot 10 Stück							✿	✿				

Sonniges bis halbschattiges extensiv begrüntes Faserzement-Pultdach

Steckbrief

Dachfläche:	etwa 6 m²
Dachneigung:	bis 15 Grad
Exposition:	sonnig bis halbschattig
Substrathöhe:	8–10 cm
Substratgemisch:	intensives Dachsubstrat (vulkanischer Bims mit 20 % Humusanteil)
Aufbaugewicht:	100–120 kg/m²
Techn. Vorgehen:	einschichtige Bauweise (s. S. 34), Schubsicherung (s. ab S. 94)
Begrünung:	Bepflanzung mit Stauden und Sprossen (s. ab S. 65), dazu Saatgut (s. ab S. 62)
Sonstiges:	Umgang mit Faserzementplatten (s. S. 60, S. 93)

Welleternit und andere Faserzementplatten sind ausreichend stabil, um eine extensive Begrünung zu tragen, sofern die Unterkonstruktion das zusätzliche Gewicht aushält. Man muss, je nach Dachlänge, ab einer Dachneigung von etwa 10 Grad nur an der Traufe für eine Schubsicherung sorgen, damit das Substrat nicht herunterrutscht. Dies kann eine Latte, ein Rundholz oder ein Balken sein, an dessen Innenkante man das Vlies hochschlägt. Etwas Kies hinter dem Balken sorgt für eine Drainage, die Regenwasser abfließen lässt.

Auf eine Folie kann man hier verzichten, doch das Vlies ist wichtig. Es speichert Wasser, hält das Substrat fest und wird von den Pflanzen durchwurzelt. Außerdem hält es anfliegenden Staub auf den Hochsicken (Wellenberge) fest, sodass auch diese nach und nach von Pflanzen besiedelt werden. Nach dem Auflegen des Vlieses wird das Substrat in die Tiefsicken (Wellentäler) gefüllt und mit Sprossen begrünt und den Lücken eingesät. Eine andere Form der Bepflanzung ist in diesem Fall nicht sinnvoll: Für Stauden ist die Substratstärke zu gering. Sedum-Sprossen wurzeln hingegen schnell ein und sind auch in der Lage, die Wellenberge ohne Substratauflage zu erobern, sodass das Vlies unsichtbar und vor UV-Licht geschützt wird.

Die Sprossen werden entweder mit der Hand gut angedrückt oder man füllt nur zwei Drittel des Substrates ein und schüttet das verbliebene Drittel Substrat über die Sprossensaat.

Bild rechts: Bei sonnigen Extensivbegrünungen dominieren Sedum-Arten, die als Sukkulenten mit ihren fleischigen Blättern Wasser lange speichern können

Sonniges bis halbschattiges Faserzement-Pultdach – Pflanzen für 6 m²

Botanischer Name ***Deutscher Name***	***Blütenfarbe*** ***Anzahl bei 5 m²***	*J*	*F*	*M*	*A*	*M*	*J*	*J*	*A*	*S*	*O*	*N*	*D*
Sedum-Sprossen: 50 g/m², hier insgesamt etwa 300 g													
Sedum album **Weißer Mauerpfeffer, Weiße Fetthenne**	weiß						✿	✿					
Sedum sexangulare **Milder Mauerpfeffer**	gelb						✿	✿					
Sedum rupestre **Tripmadam, Felsen-Fetthenne**	gelb						✿	✿	✿				
außerdem Ansaat mit:													
Cardaminopsis arenaria **Sand-Schaumkresse**	rosa 2 Portionen Saatgut				✿	✿	✿	✿	✿				
Alyssum alyssoides **Kelch-Steinkraut**	gelb 2 Portionen Saatgut				✿	✿	✿	✿	✿	✿			
Jasione montana **Berg-Sandglöckchen**	blau 2 Portionen Saatgut						✿	✿	✿	✿	✿		

Unser Tipp

Nach einigen Jahren können sich in dicken Moospolstern auch kleine Farne oder Blütenpflanzen etablieren. Diese müssen nicht entfernt werden. Lediglich aufkeimende Gehölze sollten vorsichtig ausgerissen werden. Die entstehende Lücke im Moospolster schließt sich bald ganz von alleine wieder.

Halbschattige bis schattige Seite eines steilen Gartenhausdaches

Steckbrief

Dachfläche:	etwa 6 m²
Dachneigung:	bis 15 Grad
Exposition:	halbschattig bis schattig
Substrathöhe:	12–15 cm
Substratgemisch:	intensives Dachsubstrat (vulkanischer Bims mit 20 % Humusanteil)
Aufbaugewicht:	140–180 kg/m²
Techn. Vorgehen:	einschichtige Bauweise (s. S. 34), bei längeren oder steileren Satteldächern Schubschwellen einbauen (s. ab S. 94)
Begrünung:	Bepflanzung mit Stauden (s. ab S. 62)

Die halbschattige bis schattiges Dachhälfte eines Gartenhauses lässt sich ebenfalls gut begrünen, wenn man die Substratmischung mit etwas mehr Humus anreichert. Liegt die Dachhälfte jedoch sehr schattig oder ist sie gar unter einem Baum gelegen, kann man sie auch mit Moospolstern (siehe ab Seite 73) bedecken. Keinesfalls darf man hier aber eine Begrünung mit Klettergehölzen wählen, denn sie würden die sonnige Dachhälfte vollständig überwuchern!

Halbschattiges bis schattiges Steildach – Pflanzen für 6 m²

Botanischer Name *Deutscher Name*	*Blütenfarbe* *Anzahl bei 6 m²*	J	F	M	A	M	J	J	A	S	O	N	D
Anemone blanda 'Blue Shades' (n.h.) **Balkan-Anemone**	blau, schattiert 40 Stück		✿	✿	✿								
Geranium robertianum **Ruprechtskraut, Stink-Storchschnabel**	rosa 15 Stück					✿	✿	✿	✿	✿	✿		
Sedum floriferum 'Weihenstephaner Gold' (n.h.) **Reichblühende Garten-Fetthenne**	goldgelb 25 Stück						✿	✿	✿	✿			
Polypodium vulgare **Gewöhnlicher Tüpfelfarn**	keine Blüte, Pflanze wintergrün 10 Stück												

(n.h.) bedeutet »nicht heimisch«, siehe Erklärung Seite 136

Attraktives Vordach im Halbschatten

Steckbrief

Dachfläche:	etwa 3 m²
Dachneigung:	bis 15 Grad
Exposition:	halbschattig
Substrathöhe:	12 – 15 cm
Substratgemisch:	intensives Dachsubstrat (vulkanischer Bims mit 20 % Humusanteil)
Aufbaugewicht:	140 – 180 kg/m²
Techn. Vorgehen:	einschichtige Bauweise (s. S. 34)
Begrünung:	Bepflanzung mit Stauden (s. ab S. 62)
Sonstiges:	Entwässerungsrichtung bedenken

Dächer über der Haustür haben in der Regel genügend Lastreserven für eine dickere Substratschicht. Die hier genannten Arten blühen von März bis September und trotzen sowohl Hitze als auch Kälte. Da Haustüren meist nach Osten oder Westen ausgerichtet sind, ist die Dachfläche meist im Halbschatten. Liegt das Dach nach Norden gerichtet und damit ständig im Schatten, eignet sich eher eine Moosbegrünung (siehe ab Seite 73).

Halbschattiges Vordach – Pflanzen für 3 m²

Botanischer Name ***Deutscher Name***	***Blütenfarbe*** ***Anzahl bei 3 m²***	*J*	*F*	*M*	*A*	*M*	*J*	*J*	*A*	*S*	*O*	*N*	*D*
Anemone blanda 'White Splendour' (n.h.) **Balkan-Anemone**	weiß 20 Stück		✿	✿	✿								
Geranium robertianum **Ruprechtskraut, Stink-Storchschnabel**	rosa 10 Stück					✿	✿	✿	✿	✿	✿		
Geranium dalmaticum (n.h.) **Dalmatinischer Storchschnabel**	rosa 10 Stück						✿	✿					
Campanula rotundifolia **Rundblättrige Glockenblume**	blau 15 Stück						✿	✿	✿	✿			
Petrorhagia saxifraga **Steinbrech-Felsennelke**	rosa 10 Stück						✿	✿	✿	✿			
Polypodium vulgare **Gewöhnlicher Tüpfelfarn**	keine Blüte, Pflanze wintergrün 5 Stück												

(n.h.) bedeutet »nicht heimisch«, siehe Erklärung Seite 136

Grüner Mauerpfosten

Steckbrief

Pfostengröße:	etwa 30 × 30 cm
Exposition:	halbschattig bis schattig
Substrathöhe:	3–6 cm
Substratgemisch:	1 Teil Sand mit 1 Teil humoser Erde (Rindenhumus)
Begrünung:	Bepflanzung mit Sempervivum-Arten und Sempervivum-Sorten
Sonstiges:	bei sehr langer Trockenheit gießen

Gemauerte Pfosten vom Gartentor werden gerne mit Figuren, Steinen oder einer bepflanzten Schale dekoriert. Da alle Figuren und Gefäße herunterfallen können, ist es besser, auf dem Pfosten eine Aufkantung zu befestigen und innerhalb des Randes zu begrünen. Selbst Mauerpfosten mit einem dachartigen Abschluss lassen sich so bepflanzen. Wichtig ist in allen Fällen, dass die Kante gut befestigt und aus stabilem Material gefertigt ist.

Da bei Mauerpfosten die Dachlast keine Rolle spielt, kann man mit der Substratdicke auch großzügig sein. Je dicker die Schicht, desto mehr Wasser kann sie speichern und desto anspruchsvollere Pflanzen können dort wachsen. So ist dann eher die Besonnung des Mauerpfostens ausschlaggebend für die gewünschte Bepflanzung.

Auf einen Betonpfosten können Sie auch eine Kante mit kleinen Natursteinen (zum Beispiel Granitpflaster 4/6) und frostfestem Montagekleber »aufmauern«. An einer Ecke lässt man eine kleine Aussparung und dichtet ein kleines Röhrchen (oder eine kurze Rinne) ein, das als Wasserspeier verhindert, dass abfließendes Wasser am Pfosten hinunterläuft.

Auch ein Holzrahmen aus witterungsbeständigem Holz ist als Kante möglich, den man ebenfalls mit Montagekleber befestigt und mit einer Aussparung für den Wasserabfluss versieht. Je schmaler der Rahmen ausfällt, desto mehr Platz bleibt für die Pflanzenwurzeln. Je höher er ist, desto mehr Substrat kann in das kleine »Hochbeet« eingefüllt werden. Eine Folie ist nur nötig, wenn man den Kopf des gemauerten Pfostens schützen möchte. Ein Vlies empfehlen wir immer, denn es verhindert das Ausschwemmen von Erdbestandteilen, saugt Wasser auf und bietet den Pflanzenwurzeln zusätzlichen Halt.

Die Sempervivum-Arten und -Sorten werden mit einem Abstand von etwa 10 Zentimetern gesetzt. Bei einer Pfostengröße von 30 × 30 Zentimetern sind fünf Pflanzen ausreichend.

Pflanzen für den Mauerpfosten

- *Spinnenweben-Hauswurz (Sempervivum arachnoideum), 15–30 cm hoch, hellrote Blüten im Juli und August*
- *Berg-Hauswurz (Sempervivum montanum), 10–15 cm hoch, violette Blüten im Juli und August*
- *Dach-Hauswurz (Sempervivum tectorum), 15–30 cm hoch, hellrote Blüten im Juli und August*

Pflanzenlisten für Ihr blühendes Dach – lassen Sie es aufblühen!

Stellen Sie sich mithilfe der folgenden Listen die Pflanzenarten zusammen, die am besten zu Ihrem Dach passen und Ihnen gut gefallen.

Es wird gut werden!

- Sonnig, ab 6 cm intensives Dachsubstrat: Seite 137
- Sonnig, ab 10 cm bis 20 cm intensives Dachsubstrat: ab Seite 138
- Sonnig, ab 20 cm intensives Dachsubstrat: ab Seite 144
- Halbschattig bis schattig, ab 20 cm intensives Dachsubstrat: ab Seite 150
- ... und nicht zu vergessen – die Zwerggehölze: Seite 107

Mit weit überwiegend heimische Pflanzenarten

Ihr blühendes Dach sollten Sie überwiegend mit heimischen Pflanzen gestalten, denn nur diese werden von Insekten als Nahrung genutzt: viele Tiere fressen an Blättern, Samen, Stängeln, Knospen – es zählen also nicht nur die Blüten für Nektar und Pollen.

Die Definition von »heimisch« muss hier aber nicht immer so eng gesehen werden, wie es für Naturschutzgebiete gilt. So gibt es auch Pflanzenarten, die zum Beispiel aus dem Mittelmeerraum stammen, die längst bei uns etabliert sind und ebenfalls von vielen Insekten genutzt werden.

Fast alle nicht heimischen Pflanzenarten, die wir in den Tabellen in diesem Buch nennen, stammen aus einem angrenzenden Florengebiet (einzige Ausnahme: Sedum 'Weihenstephaner Gold', die auch noch gut im Halbschatten wächst). Wir haben alle nicht heimischen Arten in den Tabellen mit »(n.h.)« gekennzeichnet.

Pflanzen für ein sonniges Dach, ab 6 cm intensives Dachsubstrat

Botanischer Name ***Deutscher Name***	***Wuchshöhe*** ***Blütenfarbe***	*J*	*F*	*M*	*A*	*M*	*J*	*J*	*A*	*S*	*O*	*N*	*D*
Stauden für ein sonniges Dach, ab 6 cm extensives Dachsubstrat													
Iris pumila **Zwerg-Schwertlilie**	5–15 cm violett				✿	✿							
Iris reichenbachii (n.h.) **Reichenbachs Schwertlilie**	5–15 cm gelb				✿	✿							
Saxifraga paniculata **Trauben-Steinbrech,** **Rispen-Steinbrech**	10–30 cm weiß					✿	✿	✿	✿				
Sedum album **Weißer Mauerpfeffer,** **Weiße Fetthenne**	5–20 cm weiß						✿	✿					
Sedum album 'Coral Carpet' **Weißer Mauerpfeffer,** **Weiße Fetthenne**	5–20 cm weiß						✿	✿					
Sedum sexangulare **Milder Mauerpfeffer**	5–15 cm gelb						✿	✿					
Sedum rupestre **Tripmadam, Felsen-Fetthenne**	15–25 cm gelb						✿	✿	✿				
Petrorhagia saxifraga **Steinbrech-Felsennelke**	10–25 cm rosa						✿	✿	✿	✿			
Sedum floriferum 'Weihenstephaner Gold' (n.h.) **Reichblühende Garten-Fetthenne**	10–15 cm goldgelb						✿	✿	✿	✿			
Sempervivum arachnoideum **Spinnweben-Hauswurz**	15–30 cm hellrot							✿	✿				
Sempervivum montanum **Berg-Hauswurz**	10–15 cm violett							✿	✿				
Sempervivum tectorum **Dach-Hauswurz**	15–30 cm hellrot							✿	✿				
Saatgut für ein sonniges Dach, ab 6 cm intensives Dachsubstrat													
Alyssum alyssoides **Kelch-Steinkraut**	5–20 cm gelb				✿	✿	✿	✿	✿	✿			
Silene armeria **Nelken-Leimkraut**	15–60 cm hellpurpur						✿	✿					
Sedum acre **Scharfer Mauerpfeffer**	5–15 cm goldgelb						✿	✿	✿				
Blumenzwiebeln funktionen hier leider nicht!													

(n.h.) bedeutet »nicht heimisch«, siehe nebenstehende Erklärung

Pflanzen (Stauden, Gräser, Zwiebeln, Saatgut) für ein sonniges Dach, ab 10 cm bis 20 cm intensives Dachsubstrat

Botanischer Name ***Deutscher Name***	***Wuchshöhe*** ***Blütenfarbe***	*J*	*F*	*M*	*A*	*M*	*J*	*J*	*A*	*S*	*O*	*N*	*D*
Stauden für ein sonniges Dach, ab 10 cm bis 20 cm intensives Dachsubstrat													
Potentilla incana (arenaria) **Sand-Fingerkraut**	5–15 cm gelb			✿	✿	✿							
Pulsatilla vulgaris **Gewöhnliche Kuhschelle**	5–30 cm violett			✿	✿	✿							
Iris pumila **Zwerg-Schwertlilie**	5–15 cm violett				✿	✿							
Iris reichenbachii (n.h.) **Reichenbachs Schwertlilie**	5–15 cm gelb				✿	✿							
Euphorbia seguieriana **Steppen-Wolfsmilch**	30–40 cm gelb grünlich				✿	✿	✿						
Globularia cordifolia **Herzblättrige Kugelblume**	3–5 cm blau				✿	✿	✿						
Potentilla tabernaemontani (verna / neumanniana) **Frühlings-Fingerkraut**	5–15 cm gelb				✿	✿	✿						
Veronica prostrata (rupestris) **Liegender Ehrenpreis**	5–30 cm himmelblau				✿	✿	✿						
Draba aizoides **Immergrünes Felsenblümchen**	2–5 cm gelb				✿	✿	✿	✿	✿				
Dianthus gratianopolitanus **Pfingst-Nelke**	10–25 cm hellpurpur					✿	✿						
Globularia punctata **Gewöhnliche Kugelblume**	20–30 cm blau					✿	✿						
Veronica prostrata 'Alba' **Liegender Ehrenpreis**	5–30 cm weiß					✿	✿						
Veronica prostrata 'Mrs. Holt' **Liegender Ehrenpreis**	5–30 cm rosa					✿	✿						
Hippocrepis comosa **Gewöhnlicher Hufeisenklee**	20–30 cm gelb					✿	✿	✿					
Linum austriacum **Österreichischer Lein**	10–80 cm blau					✿	✿	✿					
Thymus praecox **Frühblühender Thymian**	5–20 cm rosa					✿	✿	✿					
Anthyllis vulneraria **Echter Wundklee**	15–30 cm gelb					✿	✿	✿	✿				
Globularia nudicaulis **Nacktstängelige Kugelblume**	5–25 cm blau					✿	✿	✿	✿				

(n.h.) bedeutet »nicht heimisch«, siehe Erklärung Seite 136

Botanischer Name ***Deutscher Name***	***Wuchshöhe*** ***Blütenfarbe***	*J*	*F*	*M*	*A*	*M*	*J*	*J*	*A*	*S*	*O*	*N*	*D*
Gypsophila repens **Kriechendes Gipskraut**	5–20 cm weiß bis rosa					✿	✿	✿	✿				
Gypsophila repens 'Rosea' **Kriechendes Gipskraut**	5–20 cm rosa					✿	✿	✿	✿				
Saxifraga paniculata **Trauben-Steinbrech, Rispen-Steinbrech**	10–30 cm weiß					✿	✿	✿	✿				
Hieracium pilosella **Kleines Habichtskraut**	5–25 cm gelb					✿	✿	✿	✿	✿	✿		
Silene otites **Ohrlöffel-Leimkraut**	20–60 cm hellgelb-grünlich					✿	✿	✿	✿	✿	✿		
Erinus alpinus **Alpenbalsam**	2–20 cm rosa						✿	✿					
Geranium dalmaticum (n.h.) **Dalmatinischer Storchschnabel**	8–10 cm rosa						✿	✿					
Sedum album **Weißer Mauerpfeffer, Weiße Fetthenne**	5–20 cm weiß						✿	✿					
Sedum album 'Coral Carpet' **Weißer Mauerpfeffer, Weiße Fetthenne**	5–20 cm weiß						✿	✿					
Sedum sexangulare **Milder Mauerpfeffer**	5–15 cm gelb						✿	✿					
Allium senescens ssp. montanum (lusitanicum) **Berg-Lauch**	10–30 cm rosa						✿	✿	✿				
Anthericum ramosum **Ästige Graslilie**	30–50 cm weiß						✿	✿	✿				
Asperula cynanchica **Hügel-Meier**	10–30 cm rosaweiß						✿	✿	✿				
Dianthus arenarius **Sand-Nelke**	15–30 cm weiß						✿	✿	✿				
Echium vulgare **Gewöhnlicher Natternkopf**	40–80 cm blau						✿	✿	✿				
Erysimum rhaeticum (n.h.) **Schweizer Schöterich, Goldlack**	10–25 cm schwefelgelb						✿	✿	✿				
Fumana procumbens **Nadelröschen**	10–20 cm goldgelb						✿	✿	✿				
Linum flavum **Gelber Lein**	30–40 cm gelb						✿	✿	✿				

Fortsetzung der Tabelle auf der folgenden Seite →

Botanischer Name **Deutscher Name**	**Wuchshöhe** **Blütenfarbe**	J	F	M	A	M	J	J	A	S	O	N	D
Stauden für ein sonniges Dach, ab 10 cm bis 20 cm intensives Dachsubstrat													
Linum perenne **Ausdauernder Lein**	20–60 cm hellblau						✿	✿	✿				
Potentilla argentea **Silber-Fingerkraut**	10–40 cm gelb						✿	✿	✿				
Veronica spicatum ssp. spicatum (Pseudolysimachion spicatum) **Ähriger Blauweiderich**	20–40 cm blau						✿	✿	✿				
Rhodiola rosea (Sedum roseum) **Rosenwurz**	10–35 cm gelb						✿	✿	✿				
Sedum rupestre **Tripmadam, Felsen-Fetthenne**	15–25 cm gelb						✿	✿	✿				
Thymus praecox 'Coccineus' **Frühblühender Thymian**	2–5 cm rosa						✿	✿	✿				
Acinos alpinus (Calamintha acinos) **Alpen-Steinquendel**	10–20 cm blauviolett						✿	✿	✿	✿			
Campanula rotundifolia **Rundblättrige Glockenblume**	10–40 cm blau						✿	✿	✿	✿			
Campanula rotundifolia 'White Gem' **Rundblättrige Glockenblume**	10–40 cm weiß						✿	✿	✿	✿			
Cymbalaria muralis **Mauer-Zimbelkraut**	5–20 cm hellviolett						✿	✿	✿	✿			
Dianthus carthusianorum **Kartäuser-Nelke**	15–40 cm purpur						✿	✿	✿	✿			
Helianthemum nummularium **Gewöhnliches Sonnenröschen**	10–30 cm gelb						✿	✿	✿	✿			
Herniaria glabra **Kahles Bruchkraut**	5–10 cm grün						✿	✿	✿	✿			
Petrorhagia saxifraga **Steinbrech-Felsennelke**	10–25 cm rosa						✿	✿	✿	✿			
Scabiosa lucida **Glänzende Skabiose**	20–40 cm lila						✿	✿	✿	✿			
Sedum floriferum 'Weihenstephaner Gold' (n.h.) **Reichblühende Garten-Fetthenne**	10–15 cm goldgelb						✿	✿	✿	✿			
Silene uniflora 'Weißkehlchen' **Klippen Leimkraut**	10–20 cm weiß						✿	✿	✿	✿			
Teucrium montanum **Berg-Gamander**	5–25 cm hellgelb						✿	✿	✿	✿			

(n.h.) bedeutet »nicht heimisch«, siehe Erklärung Seite 136

Botanischer Name ***Deutscher Name***	***Wuchshöhe*** ***Blütenfarbe***	*J*	*F*	*M*	*A*	*M*	*J*	*J*	*A*	*S*	*O*	*N*	*D*
Thymus serpyllum **Sand-Thymian**	5–15 cm rosa						✿	✿	✿	✿			
Thymus serpyllum 'Alba' **Weißer Sand-Thymian**	5–15 cm weiß						✿	✿	✿	✿			
Jasione montana **Berg-Sandglöckchen**	20–50 cm blau						✿	✿	✿	✿	✿		
Thymus pulegioides **Feld-Thymian, Quendel**	5–20 cm rosa						✿	✿	✿	✿	✿		
Teucrium chamaedrys **Edel-Gamander**	15–30 cm rosa							✿	✿				
Thymus herba-barona (n.h.) **Kriechender Kümmel-Thymian**	3–5 cm lila-rosa							✿	✿				
Allium 'Millenium' **Zier-Berglauch**	30–50 cm violett							✿	✿	✿			
Campanula cochleariifolia **Zwerg-Glockenblume**	5–15 cm blau							✿	✿	✿			
Campanula cochleariifolia 'Alba' **Zwerg-Glockenblume**	5–15 cm weiß							✿	✿	✿			
Campanula portenschlagiana (n.h.) **Dalmatiner-Glockenblume, Kissen-Glockenblume**	10–20 cm blau							✿	✿	✿			
Cerastium alpinum **Alpen-Hornkraut**	5–20 cm weiß							✿	✿	✿			
Teucrium chamaedrys 'Albus' **Edel-Gamander**	15–30 cm weiß							✿	✿	✿			
Scabiosa canescens **Graue Skabiose, Duft-Skabiose, Orchideen-Skabiose**	20–50 cm hellblau, duftend							✿	✿	✿	✿		
Sedum telephium. ssp. maximum var. ruprechtii **Ruprechts-Fetthenne**	20–40 cm zitronengelb									✿	✿		
Sedum telephium ssp. maximum **Hohe Fetthenne**	20–40 cm hellgelb									✿	✿		
Sedum telephium ssp. telephium **Purpur-Fetthenne**	20–40 cm purpur									✿	✿		
Gräser für ein sonniges Dach, ab 10 cm bis 20 cm intensives Dachsubstrat													
Melica ciliata **Wimper-Perlgras**	30–50 cm überhängend					✿	✿						
Festuca ovina **Echter Schaf-Schwingel**	10–40 cm fiedrig					✿	✿	✿	✿				

Fortsetzung der Tabelle auf der folgenden Seite →

Pflanzen für ein sonniges Dach, ab 10 cm bis 20 cm intensives Dachsubstrat

Botanischer Name Deutscher Name	Wuchshöhe Blütenfarbe	J	F	M	A	M	J	J	A	S	O	N	D
Gräser für ein sonniges Dach, ab 10 cm bis 20 cm intensives Dachsubstrat													
Festuca cinerea (glauca) **Blauschwingel**	20–30 cm fiedrig						✿						
Koeleria glauca **Blaugrünes Schillergras**	15–30 cm aufrecht						✿	✿					
Blumenzwiebeln für ein sonniges Dach, ab 10 cm bis 20 cm intensives Dachsubstrat													
Muscari comosum **Schopfige Traubenhyazinthe**	20–30 cm violett				✿	✿							
Muscari neglectum **Weinbergs-Traubenhyazinthe**	10–20 cm schwarzblau, weißer Rand				✿	✿							
Allium rotundum **Runder Lauch**	10–15 cm purpur						✿	✿					
Allium schoenoprasum, Wildform **Wilder Schnitt-Lauch**	10–40 cm rosa						✿	✿	✿				
Allium carinatum ssp. pulchellum 'Album' **Schöner Lauch, Gekielter Lauch**	30–40 cm weiß							✿	✿				
Allium carinatum ssp. pulchellum **Schöner Lauch, Gekielter Lauch**	30–40 cm violett-rosa							✿	✿				
Allium flavum **Gelber Lauch**	10–30 cm schwefelgelb							✿	✿				
Saatgut für ein sonniges Dach, ab 10 cm bis 20 cm intensives Dachsubstrat													
Echium plantagineum (n.h.) **Wegerichblättriger Natternkopf**	10–40 cm rosablau				✿	✿	✿	✿					
Cardaminopsis arenaria **Sand-Schaumkresse**	10–40 cm rosa				✿	✿	✿	✿	✿				
Alyssum alyssoides **Kelch-Steinkraut**	5–20 cm gelb				✿	✿	✿	✿	✿	✿			
Briza media **Mittleres Zittergras**	20–40 cm zierlich					✿	✿						
Melica ciliata **Wimper-Perlgras**	30–50 cm überhängend					✿	✿						
Linum austriacum **Österreichischer Lein**	10–80 cm blau					✿	✿	✿					
Papaver argemone **Sand-Mohn**	15–30 cm dunkelrot					✿	✿	✿					
Thymus praecox **Frühblühender Thymian**	5–20 cm rosa					✿	✿	✿					
Anthyllis vulneraria **Echter Wundklee**	15–30 cm gelb, Kaltkeimer					✿	✿	✿	✿				

Botanischer Name **Deutscher Name**	**Wuchshöhe** **Blütenfarbe**	J	F	M	A	M	J	J	A	S	O	N	D
Arenaria serphyllifolia **Quendelblättriges Sandkraut**	5–30 cm weiß					✿	✿	✿	✿	✿			
Calendula arvensis **Acker-Ringelblume**	10–20 cm hellgelb					✿	✿	✿	✿	✿	✿		
Hieracium pilosella **Kleines Habichtskraut**	5–25 cm gelb					✿	✿	✿	✿	✿	✿		
Erinus alpinus **Alpenbalsam**	2–20 cm rosa						✿	✿					
Silene armeria **Nelken-Leimkraut**	15–60 cm hellpurpur						✿	✿					
Allium schoenoprasum, Wildform **Wilder Schnitt-Lauch**	10–40 cm rosa						✿	✿	✿				
Allium senescens ssp. montanum (lusitanicum) **Berg-Lauch**	10–30 cm rosa						✿	✿	✿				
Linum perenne **Ausdauernder Lein**	20–60 cm hellblau						✿	✿	✿				
Sedum acre **Scharfer Mauerpfeffer**	5–15 cm goldgelb						✿	✿	✿				
Acinos arvensis **Feld-Steinquendel**	10–40 cm violett						✿	✿	✿	✿			
Campanula rotundifolia **Rundblättrige Glockenblume**	10–40 cm blau						✿	✿	✿	✿			
Dianthus carthusianorum **Kartäuser-Nelke**	15–40 cm purpur						✿	✿	✿	✿			
Petrorhagia saxifraga **Steinbrech-Felsennelke**	10–25 cm rosa						✿	✿	✿	✿			
Trifolium arvense **Hasen-Klee**	5–30 cm rötlich grün						✿	✿	✿	✿			
Berteroa incana **Graukresse**	20–70 cm weiß						✿	✿	✿	✿	✿		
Galeopsis angustifolia (n.h.) **Schmalblättriger Hohlzahn**	10–30 cm rosaviolett						✿	✿	✿	✿	✿		
Jasione montana **Berg-Sandglöckchen**	20–50 cm blau						✿	✿	✿	✿	✿		
Thymus pulegioides **Feld-Thymian, Quendel**	5–20 cm rosa						✿	✿	✿	✿	✿		
Helichrysum arenarium **Sand-Strohblume**	20–40 cm gelb							✿	✿				

(n.h.) bedeutet »nicht heimisch«, siehe Erklärung Seite 136

Pflanzen (Stauden, Gräser, Zwiebeln, Saatgut) für ein sonniges Dach, ab 20 cm intensives Dachsubstrat

Botanischer Name *Deutscher Name*	*Wuchshöhe* *Blütenfarbe*	*J*	*F*	*M*	*A*	*M*	*J*	*J*	*A*	*S*	*O*	*N*	*D*
Stauden für ein sonniges Dach, ab 20 cm intensives Dachsubstrat													
Alyssum montanum **Berg-Steinkraut**	10–30 cm goldgelb			✿	✿	✿							
Saxifraga granulata **Knöllchen-Steinbrech**	15–40 cm weiß			✿	✿	✿							
Euphorbia cyparissias **Zypressen-Wolfsmilch**	10–20 cm gelb				✿	✿	✿						
Iris variegata **Bunte Schwertlilie**	20–40 cm gelb-violett				✿	✿	✿						
Primula veris **Wiesen-Schlüsselblume**	10–20 cm gelb, Schlund orange gefleckt				✿	✿	✿						
Asphodeline liburnica **Junkerlilie**	60–120 cm gelb					✿	✿						
Achillea nobilis **Edle Schafgarbe, Duft-Schafgarbe**	30–50 cm cremeweiß					✿	✿	✿					
Galium glaucum **Blaugrünes Labkraut**	30–80 cm weiß					✿	✿	✿					
Helianthemum apenninum **Apenninen-Sonnenröschen**	10–30 cm weißrosa					✿	✿	✿					
Silene (Lychnis) viscaria **Gewöhnliche Pechnelke**	30–60 cm rosarot					✿	✿	✿					
Anchusa officinalis **Gewöhnliche Ochsenzunge**	30–80 cm dunkelblau					✿	✿	✿	✿	✿			
Armeria maritima ssp. elongata **Gewöhnliche Grasnelke**	15–30 cm rosa					✿	✿	✿	✿	✿	✿	✿	
Asperula tinctoria **Färber-Meier**	20–30 cm weiß						✿	✿					
Onobrychis arenaria **Sand-Esparsette**	30–50 cm blassrosa bis weißlich						✿	✿					
Veronica teucrium **Großer Ehrenpreis**	20–40 cm blau						✿	✿					
Ononis repens **Kriechende Hauhechel**	10–30 cm rosa						✿	✿	✿				
Ononis spinosa **Dornige Hauhechel**	20–50 cm rosa						✿	✿	✿				
Prunella grandiflora **Großblütige Braunelle**	10–30 cm blauviolett						✿	✿	✿				

(n.h.) bedeutet »nicht heimisch«, siehe Erklärung Seite 136

Botanischer Name ***Deutscher Name***	***Wuchshöhe*** ***Blütenfarbe***	*J*	*F*	*M*	*A*	*M*	*J*	*J*	*A*	*S*	*O*	*N*	*D*
Verbascum blattaria **Schaben-Königskerze, Motten-Königskerze**	50–60 cm gelb						✿	✿	✿				
Centaurea scabiosa ssp. scabiosa **Skabiosen-Flockenblume**	50–100 cm purpur						✿	✿	✿	✿			
Galium verum **Echtes Labkraut**	30–60 cm gelb						✿	✿	✿	✿			
Reseda lutea **Gelbe Resede, Gelber Wau**	20–50 cm hellgelb						✿	✿	✿	✿			
Salvia nemorosa **Steppen-Salbei**	30–40 cm violett						✿	✿	✿	✿			
Scabiosa ochroleuca **Gelbe Skabiose**	60–80 cm hellgelb						✿	✿	✿	✿			
Scabiosa triandra (n.h.) **Südliche Skabiose**	20–60 cm hellviolett						✿	✿	✿	✿			
Stachys germanica **Deutscher Ziest**	40–100 cm karminrot						✿	✿	✿	✿			
Anthemis tinctoria **Färber-Hundskamille**	20–50 cm gelb						✿	✿	✿	✿	✿		
Dianthus superbus **Pracht-Nelke**	20–40 cm lila						✿	✿	✿	✿	✿		
Stachys recta **Aufrechter Ziest, Römischer Ziest**	30–60 cm hellgelb						✿	✿	✿	✿	✿		
Bupleurum ranunculoides **Hahnenfuß-Hasenohr**	15–30 cm gelblich							✿	✿				
Peucedanum oreoselinum **Berg-Haarstrang**	70–100 cm weiß							✿	✿				
Artemisia campestris **Feld-Beifuß**	30–50 cm rot-braun							✿	✿	✿			
Calamintha nepeta ssp. nepeta **Kleinblütige Bergminze, Steinquendel**	20–40 cm hellviolettblau							✿	✿	✿			
Carlina vulgaris **Gewöhnliche Golddistel**	15–40 cm goldgelb							✿	✿	✿			
Centaurea stoebe **Gewöhnliche Rispen-Flockenblume**	30–120 cm trüb purpur							✿	✿	✿			
Origanum vulgare **Wilder Majoran, Gewöhnlicher Majoran**	20–50 cm hellpurpur							✿	✿	✿			

Fortsetzung der Tabelle auf der folgenden Seite →

Pflanzen für ein sonniges Dach, ab 20 cm intensives Dachsubstrat

Botanischer Name ***Deutscher Name***	***Wuchshöhe*** ***Blütenfarbe***	*J*	*F*	*M*	*A*	*M*	*J*	*J*	*A*	*S*	*O*	*N*	*D*
Stauden für ein sonniges Dach, ab 20 cm intensives Dachsubstrat													
Pimpinella saxifraga **Kleine Bibernelle**	15 – 50 cm weiß							✿	✿	✿			
Seseli montanum **Berg-Sesel**	20 – 60 cm weiß							✿	✿	✿			
Solidago virgaurea ssp. minuta **Zwerg-Goldrute**	20 – 25 cm gelb							✿	✿	✿			
Verbascum densiflorum (thapsiforme) **Großblütige Königskerze**	80 – 150 cm gelb							✿	✿	✿			
Verbascum lychnites **Mehlige Königskerze**	40 – 70 cm hellgelb							✿	✿	✿			
Verbascum thapsus **Kleinblütige Königskerze**	40 – 70 cm gelb							✿	✿	✿			
Hyssopus officinalis (n.h.) **Ysop**	30 – 80 cm blau							✿	✿	✿	✿		
Scabiosa columbaria **Tauben-Skabiose**	20 – 60 cm hellblau							✿	✿	✿	✿	✿	
Aster linosyris (Galatella linosyris) **Gold-Aster**	15 – 40 cm gelb								✿	✿			
Aster amellus **Kalk-Aster, Berg-Aster**	20 – 50 cm blau								✿	✿	✿		
Sedum telephium ssp. telephium **Purpur-Fetthenne**	20 – 40 cm purpur									✿	✿		
Gräser für ein sonniges Dach, ab 20 cm intensives Dachsubstrat													
Carex humilis **Erd-Segge, Niedrige Segge**	3 – 15 cm aufrecht			✿	✿	✿							
Briza media **Mittleres Zittergras**	20 – 40 cm zierlich					✿	✿						
Stipa barbata **Reiher-Federgras**	30 – 80 cm lange Grannen					✿	✿	✿					
Koeleria pyramidata **Pyramiden-Schillergras**	30 – 100 cm straff aufrecht						✿	✿					
Stipa pulcherrima **Federgras**	100 – 120 cm lange Grannen						✿	✿					
Deschampsia (Avenella) flexuosa **Draht-Schmiele**	30 – 60 cm aufrecht						✿	✿	✿				
Stipa capillata **Haar-Pfriemengras**	40 – 60 cm aufrechte Grannen							✿	✿				
Stipa pennata **Echtes Federgras**	60 – 80 cm lange Grannen							✿	✿				

(n.h.) bedeutet »nicht heimisch«, siehe Erklärung Seite 136 und Seite 149

Botanischer Name *Deutscher Name*	*Wuchshöhe* *Blütenfarbe*	J	F	M	A	M	J	J	A	S	O	N	D
Blumenzwiebeln für ein sonniges Dach, ab 20 cm intensives Dachsubstrat													
Crocus biflorus 'Miss Vain' (n.h.) **Krokus**	5–10 cm elfenbeinweiß		✿	✿									
Crocus chrysanthus 'Goldilocks' (n.h.) **Gelber Krokus**	5–10 cm tiefgelb, purpurbraun an der Basis		✿	✿									
Crocus chrysanthus 'Snowbunting' (n.h.) **Weißer Krokus**	5–10 cm elfenbeinweiß		✿	✿									
Crocus flavus (n.h.) **Gold-Krokus**	7–10 cm orange-gelb		✿	✿									
Crocus tommasinianus (n.h.) **Dalmatiner Krokus, Elfen-Krokus**	5–10 cm lavendel-lila		✿	✿									
Crocus tommasinianus 'Albus' (n.h.) **Dalmatiner Krokus, Elfen-Krokus**	10–15 cm weiß		✿	✿									
Chionodoxa luciliae (n.h.) **Gewöhnliche Sternhyazinthe**	15 cm blau mit weißer Mitte			✿ ✿									
Chionodoxa luciliae 'Alba' (n.h.) **Gewöhnliche Sternhyazinthe**	15 cm reinweiß			✿									
Crocus chrysanthus 'Ard Schenk' (n.h.) **Weißer Krokus**	10 cm weiß mit bronzegelbe Mitte			✿									
Crocus etruscus 'Rosalind' (n.h.) **Krokus**	15 cm hell rosa-violett			✿									
Crocus etruscus 'Zwanenburg' (n.h.) **Krokus**	5–8 cm hell blau-violett			✿									
Tulipa humilis 'Alba' (n.h.) **Niedrige Tulpe**	5–10 cm weiß mit stahlblauer Mitte			✿ ✿									
Tulipa humilis (n.h.) **Niedrige Tulpe**	10–20 cm violettrosa mit gelber Mitte			✿ ✿	✿ ✿								
Chionodoxa sardensis (n.h.) **Dunkle Sternhyazinthe**	5–10 cm enzianblau				✿								
Muscari botryoides **Kleine Traubenhyazinthe**	10–20 cm blau				✿	✿							
Muscari botryoides 'Album' **Kleine Traubenhyazinthe**	10–20 cm weiß				✿	✿							
Ornithogalum umbellatum **Dolden-Milchstern**	20–30 cm weiß				✿	✿							

Fortsetzung der Tabelle auf der folgenden Seite →

Botanischer Name ***Deutscher Name***	***Wuchshöhe*** ***Blütenfarbe***	*J*	*F*	*M*	*A*	*M*	*J*	*J*	*A*	*S*	*O*	*N*	*D*
Blumenzwiebeln für ein sonniges Dach, ab 20 cm intensives Dachsubstrat													
Tulipa linifolia (n.h.) **Wildtulpe**	10–20 cm scharlachrot				✿	✿							
Tulipa tarda (n.h.) **Wildtulpe**	10–20 cm weiß mit gelben Blattspitzen				✿	✿							
Gladiolus communis ssp. byzantinus (n.h.) **Byzantinische Siegwurz, Wildgladiole**	60–90 cm rosa					✿	✿						
Allium christophii (n.h.) **Sternkugel-Lauch**	40–60 cm fliederfarben						✿	✿					
Saatgut für ein sonniges Dach, ab 20 cm intensives Dachsubstrat													
Ajuga genevensis **Genfer Günsel, Heide-Günsel**	15–30 cm blau				✿	✿							
Iberis amara **Bittere Schleifenblume**	10–20 cm weiß				✿	✿	✿						
Primula veris **Wiesen-Schlüsselblume**	10–20 cm gelb, Schlund orange gefleckt				✿	✿	✿						
Echium plantagineum (n.h.) **Wegerichblättriger Natternkopf**	10–40 cm rosablau				✿	✿	✿	✿					
Papaver argemone **Sand-Mohn**	15–30 cm dunkelrot					✿	✿	✿					
Scandix pecten-veneris **Gewöhnlicher Venuskamm, Nadelkerbel**	10–30 cm weiß					✿	✿	✿					
Silene (Lychnis) viscaria **Gewöhnliche Pechnelke**	30–60 cm rosarot					✿	✿	✿					
Consolida regalis (Delphinium consolida) **Acker-Rittersporn**	20–40 cm dunkelblau					✿	✿	✿	✿				
Anchusa arvensis **Gewöhnlicher Acker-Krummhals**	20–40 cm blassblau					✿	✿	✿	✿	✿			
Calendula arvensis **Acker-Ringelblume**	10–20 cm hellgelb					✿	✿	✿	✿	✿	✿		
Silene armeria **Nelken-Leimkraut**	15–60 cm hellpurpur						✿	✿					
Orlaya grandiflora **Großblütige Strahlendolde**	10–30 cm weiß						✿	✿	✿				

Botanischer Name **Deutscher Name**	**Wuchshöhe** **Blütenfarbe**	J	F	M	A	M	J	J	A	S	O	N	D
Prunella grandiflora **Großblütige Braunelle**	10–30 cm blauviolett						✿	✿	✿				
Verbascum blattaria **Schaben-Königskerze, Motten-Königskerze**	50–60 cm gelb						✿	✿	✿				
Reseda lutea **Gelbe Resede, Gelber Wau**	20–50 cm hellgelb						✿	✿	✿	✿			
Stachys germanica **Deutscher Ziest**	40–100 cm karminrot						✿	✿	✿	✿			
Anthemis tinctoria **Färber-Hundskamille**	20–50 cm gelb						✿	✿	✿	✿	✿		
Centaurea cyanus **Kornblume**	30–80 cm blau						✿	✿	✿	✿	✿		
Galeopsis angustifolia (n.h.) **Schmalblättriger Hohlzahn**	10–30 cm rosaviolett						✿	✿	✿	✿	✿		
Carlina vulgaris **Gewöhnliche Golddistel**	15–40 cm goldgelb							✿	✿	✿			
Centaurea stoebe **Gewöhnliche Rispen-Flockenblume**	30–120 cm trüb purpur							✿	✿	✿			
Verbascum densiflorum (thapsiforme) **Großblütige Königskerze**	80–150 cm gelb							✿	✿	✿			
Verbascum lychnites **Mehlige Königskerze**	40–70 cm hellgelb							✿	✿	✿			
Verbascum thapsus **Kleinblütige Königskerze**	40–70 cm gelb							✿	✿	✿			
Inula conyzae **Dürrwurz, Dürrwurz-Alant**	50–100 cm bräunlich gelb							✿	✿	✿	✿		

(n.h.) bedeutet »nicht heimisch«, siehe Erklärung Seite 136

Auch wenn viele der Blumenzwiebeln, die wir hier für die Gestaltung ab 20 cm intensives Dachsubstrat nennen, nicht heimisch sind, brauchen die früh fliegenden Hummeln diese Nektarquellen als Flugtreibstoff.

Pflanzen für ein halbschattiges bis schattiges Dach, ab 20 cm intensives Dachsubstrat

Botanischer Name *Deutscher Name*	*Wuchshöhe* *Blütenfarbe*	*J*	*F*	*M*	*A*	*M*	*J*	*J*	*A*	*S*	*O*	*N*	*D*
Stauden für ein halbschattiges bis schattiges Dach, ab 20 cm intensives Dachsubstrat													
Saxifraga granulata **Knöllchen-Steinbrech**	15–40 cm weiß			✿	✿	✿							
Viola reichenbachiana (sylvestris) **Wald-Veilchen**	5–15 cm violett				✿	✿							
Euphorbia cyparissias **Zypressen-Wolfsmilch**	10–20 cm gelb				✿	✿	✿						
Primula veris **Wiesen-Schlüsselblume**	10–20 cm gelb, Schlund orange gefleckt				✿	✿	✿						
Stellaria holostea **Große Sternmiere**	10–30 cm weiß				✿	✿	✿						
Viola tricolor **Wildes Stiefmütterchen**	10–40 cm gelb-blau				✿	✿	✿	✿	✿	✿	✿		
Fragaria vesca **Wald-Erdbeere**	5–15 cm weiß					✿	✿						
Silene nutans **Nickendes Leimkraut**	30–50 cm weiß					✿	✿	✿	✿				
Geranium robertianum **Ruprechtskraut, Stink-Storchschnabel**	20–50 cm rosa					✿	✿	✿	✿	✿	✿		
Geranium dalmaticum (n.h.) **Dalmatinischer Storchschnabel**	8–10 cm rosa						✿	✿					
Anthericum ramosum **Ästige Graslilie**	30–50 cm weiß						✿	✿	✿				
Calamintha sylvatica (menthifolia) **Echte Bergminze**	30–60 cm blauviolett						✿	✿	✿	✿			
Campanula rotundifolia **Rundblättrige Glockenblume**	10–40 cm blau						✿	✿	✿	✿			
Prunella vulgaris **Gewöhnliche Braunelle**	10–25 cm violett						✿	✿	✿	✿			
Campanula portenschlagiana (n.h.) **Dalmatiner-Glockenblume, Kissen-Glockenblume**	10–20 cm blau							✿	✿	✿			
Sedum telephium ssp. maximum **Hohe Fetthenne**	20–40 cm hellgelb									✿	✿		

Botanischer Name ***Deutscher Name***	***Wuchshöhe*** ***Blütenfarbe***	*J*	*F*	*M*	*A*	*M*	*J*	*J*	*A*	*S*	*O*	*N*	*D*
Gräser für ein halbschattiges bis schattiges Dach, ab 20 cm intensives Dachsubstrat													
Carex alba **Weiße Segge**	10 – 20 cm nadelförmig					✿	✿						
Deschampsia (Avenella) flexuosa **Draht-Schmiele**	30 – 60 cm aufrecht						✿	✿	✿				
Blumenzwiebeln für ein halbschattiges bis schattiges Dach, ab 20 cm intensives Dachsubstrat													
Anemone blanda 'Blue Shades' (n.h.) **Balkan-Anemone**	5 – 10 cm blau, schattiert		✿	✿	✿								
Anemone blanda 'White Splendour' (n.h.) **Balkan-Anemone**	5 – 10 cm weiß		✿	✿	✿								
Saatgut für ein halbschattiges bis schattiges Dach, ab 20 cm intensives Dachsubstrat													
Primula veris **Wiesen-Schlüsselblume**	10 – 20 cm gelb, Schlund orange gefleckt				✿	✿	✿						
Stellaria holostea **Große Sternmiere**	10 – 30 cm weiß				✿	✿	✿						
Viola tricolor **Wildes Stiefmütterchen**	10 – 40 cm gelb-blau				✿✿	✿✿	✿✿	✿✿	✿✿	✿✿	✿✿		
Silene nutans **Nickendes Leimkraut**	30 – 50 cm weiß					✿	✿	✿	✿				
Geranium robertianum **Ruprechtskraut, Stink-Storchschnabel**	20 – 50 cm rosa					✿	✿	✿	✿	✿	✿		
Campanula rotundifolia **Rundblättrige Glockenblume**	10 – 40 cm blau						✿	✿	✿	✿			

(n.h.) bedeutet »nicht heimisch«, siehe Erklärung Seite 136

Vorsicht ist besser

Da umsichtiges Bauen besser ist, als Schäden im Nachhinein zu beheben, kann daran nicht oft genug erinnert werden: Die meisten Probleme am Dach oder Gebäude entstehen durch falschen Einbau oder Beschädigung von Folie und Vlies, bei falscher Planung und Eindichtung der Entwässerung, durch verrottendes Holz am Dachrand oder Verwendung rostender Schrauben.

Doch außer zu Pflege- oder Reparaturarbeiten gibt es viele schöne Anlässe, auf ein begrüntes Dach zu steigen. Dies kann die Wartung einer Nisthilfe, die Beobachtung eines neuen Dachbewohners oder das Fotografieren einer schönen Dachpflanze sein. Bei aller Begeisterung für das neue Biotop sollten Sie immer umsichtig sein. Die eigene Unversehrtheit und Gesundheit sind immer wichtiger als die Pflege des Gründachs oder ein schönes Foto.

Bitte arbeiten Sie immer mit Blick zum Dachrand, damit Sie nicht versehentlich rückwärts abstürzen!

So bleibt die Dachhaut intakt

Haben Sie vor der Begrünung die Dichtigkeit der Dachhaut geprüft oder eine neue Folie aufgelegt, muss immer gleich das Schutzvlies aufgelegt und an den Rändern beschwert werden. Dann sollte nichts mehr passieren, was die Dachhaut beschädigen könnte.

Doch leider passieren durch Unachtsamkeit immer wieder Dinge, die Dachbegrünungen »als heikel« erscheinen lassen. Wenn Sie aber einige Grundlagen beachten, steht einer langen Lebensdauer nichts im Wege:

- Arbeiten Sie beim Abdichten des Dachs besonders umsichtig. Alle Nähte und Anschlüsse müssen fachgerecht abgedichtet werden. Das sollte immer eine Fachfirma machen (Dachdecker).
- Bedenken Sie, dass auf der Folie nichts befestigt werden kann, ohne sie zu beschädigen! Dies gilt auch für Schubsicherungen (siehe ab Seite 94).
- Lehnen Sie die Leiter so an, dass der Dachrand nicht beschädigt wird.
- Betreten Sie das Dach nur mit sauberen Schuhen und nehmen Sie keine spitzen Geräte mit hinauf.
- Alle kleineren Werkzeuge und Beschläge gehören immer in ein Gefäß, zum Beispiel in einen Eimer. Tragen Sie keine losen Nägel oder Schrauben auf das Dach und legen Sie die Werkzeuge immer wieder in das Gefäß zurück.
- Suchen Sie das Dach immer vor dem Auftragen der nächsten Schicht nach verloren gegangenen Gegenständen ab.
- Nutzen Sie zum Beschweren nur flache oder runde Steine und keine spitzen oder verschmutzten Feldsteine.
- Legen Sie die Vliesbahnen mit 10 bis 15 Zentimeter Überlappung auf, bei steilen Dächern von unten nach oben.
- Nutzen Sie zum Verteilen des Substrates keine spitzen Werkzeuge, weder Hacken noch Rechen, sondern nur eine Flachschaufel.
- Nutzen Sie zum Pflanzen keine spitzen Handwerkzeuge, sondern nur flache Handschaufeln oder abgerundete Pflanzhacken.
- Ziehen Sie unerwünschte Pflanzen wie Gehölzsämlinge oder Disteln nur heraus und nutzen Sie dazu keinen Unkrautstecher!
- Betreten Sie kleinere Dächer nur alleine und bei trockenem und warmem Wetter, um die Konstruktion nicht zu überlasten.
- Schieben oder schippen Sie niemals Schnee vom Dach.

So schützen Sie das angrenzende Gebäude

Grenzt Ihre Garage oder das Carport an das Wohngebäude, müssen Sie das Wohnhaus vor Nässe durch das Dachsubstrat ausreichend schützen.

Dazu wird die Dachfolie mindestens 20 Zentimeter über die Substratoberkante an der Hauswand hochgezogen und mit einer passenden Klemmschiene befestigt. Das Befestigungsmaterial für die Klemmschiene muss zum Wandaufbau des Hauses passen. Die Klemmschiene wird anschließend von oben mit einem chemisch zu Folie passenden dauerelastischen Dichtmittel abgedichtet, sodass kein Wasser dahinterlaufen kann. Die Folie muss wiederum vor Sonnenstrahlung geschützt werden, da sie nicht gegen UV-Licht stabil ist. Dazu bringt man eine passende Blende aus Holz oder Blech an, damit die Folie abgedeckt ist. Meist ist an dieser Stelle auch mehr Dachlast zulässig, da sie über einer Stützmauer gelegen ist. So kann dort auch eine, an der Hauswand entlang aufgesetzte, kleine Trockenmauer mit eingebauten Nisthilfen die Folie kaschieren und zudem auch noch hübsch aussehen.

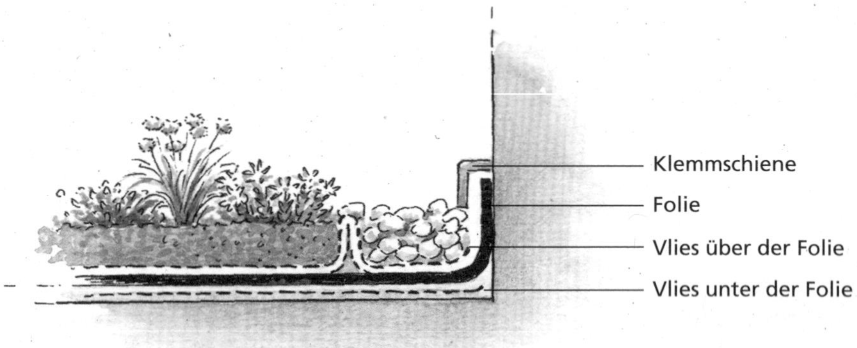

Grenzt das begrünte Dach an der Wohnhaus, muss dessen Fassade vor Nässe geschützt werden. Die Dachfolie wird dazu an der Hauswand hochgezogen (einige Zentimeter über die Substratoberkante), mit einer Klemmschiene befestigt und so gleichzeitig vor UV-Licht geschützt. Zusätzlich ist ein Kiesstreifen als Feuchtigkeitsschutz empfehlenswert.

Die Fassade und Fenster von angrenzenden Wohngebäuden können bei allen Begrünungsschritten beschädigt werden. Wird das Substrat auf das Dach geblasen oder geschüttet, müssen wegen der Staubentwicklung alle Fenster in der Umgebung geschlossen sein.

Kleben Sie Dachfenster mit Folie ab, damit keine Schäden entstehen, und entfernen Sie die Folie erst nach dem Bepflanzen und ersten Wässern. Anhaftender Staub an der Fassade kann man entweder trocken mit einem weichen Besen oder nass bei der ersten Beregnung nach dem Säen oder Pflanzen mit dem Schlauch entfernen. Das Substrat und die eigenen Hände müssen aber bis nach der Bepflanzung trocken bleiben, denn im nassen Zustand können Flecken auf einer sauberen Fassade entstehen. Eine wärmegedämmte Fassade ist sehr empfindlich gegen Druck, deshalb sollte man sich dort nicht mit einer Hand abstützen oder schweres Gerät anlehnen.

Die Fensterscheiben können gefährdet sein, wenn man mit einem langstieligen Gerät rückwärts arbeitet, deshalb sollte man die Rollläden, falls vorhanden, herunterlassen.

An der Grenze zu Wohngebäuden sind 50 Zentimeter breite Randstreifen aus Kies Vorschrift. Sie sollen der Brandsicherung dienen. Bei einer angrenzenden Holzfassade ist der Kiesstreifen aber auch als Feuchtigkeitsschutz sinnvoll. Den Drainagekies lässt man sich am besten in Eimern hochreichen und schüttet ihn dann an den vorgesehenen Stellen in passender Schichtdicke und Breite am Rand zur angrenzenden Fassade aus. Ein geschwungener Verlauf des Kiesrandes und eine Abrundung der Dachecken sehen netter aus als eine gerade Linie. Das Substrat kann man direkt angrenzend anschütten, man kann es aber auch mit einem senkrecht eingebauten Vliesstreifen vom Kies trennen.

Unser Tipp

Bei kritischen Anschlüssen von Nebengebäuden an die (gedämmte) Hausfassade sollte man immer erst Fachleute um Rat fragen, bevor man mit der Begrünung beginnt. Später lässt es sich schwer korrigieren.

So vermeiden Sie Unfall und Verletzung

Bei aller Liebe zu Natur und Garten hat der Schutz des Menschen Vorrang. Leider passieren immer noch die meisten Unfälle in Deutschland bei Haus- und Gartenarbeiten. Die Pflege eines Gründachs ist allein durch die Höhe besonders unfallträchtig und sollte nur von gesunden und umsichtigen Menschen mit ausreichender Sehkraft, ohne Kreislaufprobleme oder Höhenangst ausgeführt werden.

Ein begrüntes Dach dürfen Sie niemals bei Schnee und großer Nässe betreten. Zum einen besteht die Gefahr der statischen Überlastung des Daches, zum anderen das Risiko, dass Sie abrutschen und vom Dach stürzen. Bei großer Hitze, Dunkelheit, stürmischem Wetter und aufziehendem Gewitter sollten Sie das Dach ebenfalls nicht betreten.

Wenn Sie das Dach bei schönem Wetter betreten, muss immer eine zweite Person anwesend sein, die Ihre Leiter festhält und Sie vor Gefahren warnt. Ein unvorsichtiger Schritt nach hinten, ein Schreck durch einen lauten Knall, ein rufender Nachbar, ein klingelndes Telefon ... es gibt viele Ereignisse, die Sie auf dem Dach stehend ablenken oder erschrecken können. Auch die Leiter kann umfallen, während Sie auf dem Dach stehen. Und falls Sie von Leiter oder Dach fallen sollten, was wir nicht hoffen, ist eine zweite Person wichtig, um Sie zu versorgen und Hilfe zu holen.

Aus dem Garten kennen Sie das Problem des Stolperns über langstielige Geräte und lange Schläuche. Was im Garten meist glimpflich ausgeht, kann auf einem Dach fatale Folgen haben. Falls Sie ein Kabel, einen Schlauch oder ein größeres Gerät brauchen, sollten Sie es immer sehr ordentlich hinlegen. Rote und gelbe Kabel, Schläuche und Gerätestiele werden besser wahrgenommen als schwarze, braune oder grüne. Kleingeräte gehören immer in einen auffällig gefärbten Eimer.

Zum Arbeiten auf dem Dach ziehen Sie bitte zweckmäßige Kleidung, besonders feste Schuhe, an. Schützen Sie Ihre eigenen Knie beim Pflanzen mit dicken Kniepolstern, wie sie auch beim Fliesenlegen benutzt werden. Ihre Hände sollten in eng sitzenden Handschuhen aus Gewebe mit Kunststoffauflage stecken, damit Sie einerseits Fingerfertigkeit zum Pflanzen haben, die Finger aber auch ausreichend vor den scharfkantigen Substratteilchen geschützt sind.

Falls Sie gebückt oder im Knien gearbeitet haben, sollten Sie langsam aufstehen und einen Moment stehen bleiben. Auch gesunden Menschen kann es anschließend schwindelig werden. Ist man da bereits zum Dachrand gelaufen, kann man hinunterfallen.

Und ganz wichtig: Arbeiten Sie immer – ob beim Pflanzen oder Pflegen – vom Dachrand nach innen! So stürzen Sie nicht rückwärtig vom Dach!

Unser Tipp

Falls Sie eine andere Person um Hilfe auf dem Dach bitten müssen, machen Sie diese bitte auf die oben genannten Gefahren aufmerksam. Und drängen Sie niemals einen anderen Menschen, auf das Dach zu steigen! Für Dachbegrünungen mit Helfern wie Verwandten und Freunden sollten Sie eine Bauhelferversicherung für die Zeit der Maßnahme abschließen. Das ist nicht teuer und sichert Sie finanziell ab, falls es doch zu einem Unfall kommen sollte.

Absturzsicherungen gleich mit einplanen

Für Steildächer gibt es Firsthaltebügel, die man bereits beim Bau einplanen sollte. Sie werden auf den Firstbalken geschraubt und an der Öse kann man sich jederzeit mit einer Absturzsicherung einhaken. Weil man direkt am First keine Folie verlegt, stören sie bei der Dachbegrünung nicht. (Dachdecker bauen an Dächern von Wohnhäusern meist Haken zum Einhängen einer Leiter ein. Auch diese werden am Dachstuhl befestigt, stören aber im Falle einer Dachbegrünung bei der Abdichtung mittels Folie.)

Zur nachträglichen Sicherung gibt es auch Bügel, die man über den First legt und zum Boden hin abspannt.

Die Handhabung eines Sicherungsgeschirrs sollte man sich aber auch zeigen lassen, bevor man damit auf ein steiles Dach steigt. Betriebe, die Baumschnitt anbieten (European Tree Worker) können damit umgehen, aber auch Sport- und Industriekletterer.

Am sichersten ist ein professionelles Gerüst vor dem Steildach, das man aber mit passenden Haken an der Fassade befestigen muss. Die Spezialdübel verbleiben in der Fassade und werden mit Kappen abgedeckt, sodass man sie immer wieder nutzen kann.

Das blühende Dach pflegen

Sind die technischen Voraussetzungen erfüllt sowie Substrat und Bepflanzung standortgerecht, gibt es mit der Pflege des Dachs keine Probleme. Die Begrünung ist dauerhaft und wird jedes Jahr schöner. Eine fachgerecht zusammengestellte Pflanzengesellschaft auf dem Dach ist ohne größere Eingriffe für Jahrzehnte in der Lage, sich den Klima- und Wetterbedingungen anzupassen.

Dafür ist es sehr wichtig, dass Sie genügend einjährige und zweijährige Arten miteingesät haben, die sich versamen und so ein Samenpotential im Substrat aufbauen können: Nach langer Trockenheit und Trockenschäden sind diese Arten in der Lage, aus ihrem Potential zu keimen und sich zu regenerieren, wenn es wieder regnet.

Die einzigen Pflegemaßnahmen sind deshalb das Entfernen von Gehölzsämlingen einmal im Jahr und gegebenenfalls ein Rückschnitt höherer Stauden und Gräser nach dem Winter – lassen Sie bei Gräsern und Stauden aber immer zwanzig bis dreißig Prozent der Halme und Stängel für die Insekten stehen. Außerdem müssen Sie von Sandlinsen und Sandarien einmal im Frühjahr vorsichtig den Bewuchs enfternen. Jenseits dessen stehen größere Aktionen nur an, wenn Schäden an Unterbau oder Pflanzen auftreten.

Gerade die Schwierigkeit, ein Dach zu betreten, ist eine Chance für die natürliche Entwicklung ohne störende Eingriffe. Ein Dachbiotop ist ein ganz besonderer Standort, der unbepflanzt von zufällig vorbeifliegenden Samen besiedelt würde. Durch eine Bepflanzung umgehen Sie diesen Vorgang bewusst und lenken. Doch es befinden sich immer noch genügend Kahlstellen auf dem Dach, die auch von Pionierpflanzen besiedelt werden können. Das ist kein Nachteil, sondern sollte als Vorteil für spannende Beobachtungen gesehen werden. Die natürliche Sukzession (Abfolge von Pflanzengesellschaften) ist durch die geringe und magere Substratschicht begrenzt. Dennoch entwickelt sich auch eine Dachbegrünung weiter und ändert ihr Gesicht. So kann sie jedes Frühjahr etwas anders aussehen, weil die eine oder andere Pflanzenart den Winter unterschiedlich überstanden hat. Es ist ganz natürlich, dass sich manche Arten ausbreiten und andere den Rückzug antreten.

Bleiben Sie bei allen Veränderungen möglichst gelassen und richten Sie sich nach den Empfehlungen, die wir Ihnen auf den folgenden Seiten geben.

Anfangspflege

Nur direkt nach dem Begrünen braucht Ihr Dach einige Wochen die volle Aufmerksamkeit. Da man ein Dach meist im späteren Frühjahr oder frühen Sommer begrünt, muss man besonderes Augenmerk auf die Anfangsbewässerung legen. Ganz gleich, welche Begrünungsform Sie gewählt haben, in den ersten Wochen muss das Dachsubstrat stets feucht sein, damit die Pflanzenwurzeln einen Anreiz haben, zu wachsen und sich im Substrat auszubreiten. Bei trockenem Wetter reichen zwei bis drei Bewässerungen in der Woche mit etwa 10 Liter pro Quadratmeter aus. Am besten gefällt den Pflanzen ein Sprüh- oder Landregen aus der Gießbrause oder einem anderen Vorsatz des Gartenschlauchs. Bei genügend Wasserdruck kann man das auch vom Boden aus machen. Oder man steigt mit dem Schlauch auf eine Leiter, von der man das ganze Dach überblicken kann. Je nach Witterung kann es 6 bis 8 Wochen dauern, bis die Pflanzen genügend Wurzeln gebildet haben, um auch trockenere Phasen zu überdauern.

Einsaaten sollten gleichmäßiger feucht gehalten werden. Sie brauchen manchmal lange zum Keimen, je nach Standort und Witterung. Manche Arten keimen erst im Folgejahr, nachdem sie im Winter Frost bekommen haben (Frostkeimer).

Unser Tipp

Es ist besser, eine Neupflanzung seltener, dafür aber durchdringender zu gießen, als oft mit wenig Wasser. Das Wasser soll in die unteren Substratschichten gelangen, wo es auch länger gespeichert wird. Nur dann wachsen die Wurzeln nach unten. Gießt man immer nur oberflächlich, wachsen die Wurzeln in die oberen Substratschichten, wo sie bei der nächsten Trockenperiode schnell verdursten.

Technische Unterhaltungspflege

Nach der Anfangspflege der ersten Wochen beginnt die regelmäßige Unterhaltungspflege der technischen Teile des Dachs. Diese sollten Sie in Ihre gewohnten jährlichen Kontrollen rund ums Haus, zum Beispiel zum Reinigen der Regenrinnen, integrieren. In der Regel reicht das einmal im Jahr aus. Je nachdem, wie Ihr Dach aussieht, fallen unterschiedliche Arbeiten an:

Entwässerung an der Traufe kontrollieren

Dachrinnen müssen im Herbst gereinigt werden, damit das Falllaub nicht die Rinne verstopft. Im Stutzen des Fallrohres kann man einen Laubkorb anbringen, der das Verstopfen verhindert. Besser ist es, man montiert von Beginn an spezielle Laubgitter über die Rinne, sodass kein Laub hineingelangen kann.

Die Kiespackung und das Gitter vor der Rinne schützen vor dem Einspülen kleiner Substratteilchen. Sie können bei ungeeignetem Substrat verstopfen. Kommt kein Dachwasser in der Rinne an, ist entweder das Vlies oder das Gitter (beziehungsweise die Aussparungen im Traufblech oder -balken) mit feinen Teilchen zugesetzt. Man kann dann die gesamte Kiespackung mit Vlies erneuern, ohne die Begrünung zu beschädigen.

Ist Substrat am unteren Dachende heruntergerutscht und lagert nun auf der Kiespackung, muss es entfernt werden. Man baut dann eine zusätzliche Schubschwelle mit Aussparungen, bevor man den Kiesstreifen reinigt und erneuert.

Kletterpflanzen an der Fassade müssen stets so abgeschnitten werden, dass sie nicht die Regenrinne erobern und verstopfen können.

Gullys warten

Dachabläufe auf flachen und flach geneigten Dächern sind in der Regel mit einem halbkugelförmigen Gitterrost (Sieb) vor dem Verstopfen geschützt, Gullys mit einem Aufsatzrahmen meist mit einem flachen Gitterrost. Dort setzt man besser noch einen passenden Aufsatz (Gitterkorb, Kiesfang) auf, damit sich kein Laub auf dem Gully sammeln kann. Die Kiespackung mit Vlies um den Bodeneinlauf herum schützt davor, dass kleine Teilchen eingespült werden.

Läuft dennoch kein Wasser in den Gully, muss man das Vlies der Kiespackung inspizieren. Vielleicht ist es mit feinen Bodenteilchen zugesetzt. Dann muss man es durch ein neues Vlies ersetzen. Weil man das Substrat um den Kiesrand herum in diesem Fall großflächiger abräumen muss, sollte man bei Wiederherstellung nur körniges Material ohne Kompost um die neue »Kieswurst« schütten. Dazu kann man das abgeräumte Material sieben und verwendet anschließend nur die grobe Körnung aus dem Sieb.

Aber keine Sorge: Unter normalen Umständen verstopft nichts.

Wenn es an der Dachunterseite tropft ...

Wenn es an der Unterseite des Daches tropft, muss nicht immer eine Undichtigkeit der Dachfolie die Ursache sein. So kann ein am Rand des Daches hochgezogenes Schutzvlies (unter der Folie) die Ursache sein. Es saugt Wasser wie ein Docht aus dem Substrat, sodass die Feuchtigkeit unter die Folie kriechen kann. An der niedrigsten Stelle kommt es dann unter Umständen zum Vorschein und tropft ab. Auch Kondenswasser, das sich an warmen und feuchten Tagen an der kälteren Dachunterseite bildet, tropft von der Dachunterseite, sodass man im ersten Moment glauben könnte, eine undichte Dachhaut zu haben.

Undichtigkeiten der Folie treten am ehesten an Durchlässen für Kabel und Entlüftungsrohre auf. Dort kann man versuchen, durch Anheben des Vlieses mitsamt Substrat die undichte Stelle zu finden, wenn man einen bestimmten Verdacht hat. Ist die Stelle nicht so leicht auszumachen, hilft nur, alles abzuräumen und die Folie genau zu inspizieren. Mit Folienstücken und geeigneten Klebern kann man eine undichte gesäuberte Folie wieder abdichten oder – besser – von Fachleuten (Dachdecker) abdichten lassen. Die Pflanzen und das Substrat können wiederverwendet werden.

Gut begehbare Flachdächer mit ausreichend Lastreserven können auch je zur Hälfte abgeräumt, inspiziert und repariert werden. Sind genügend Lastreserven vorhanden, kann man das Substrat nach dem Entfernen der Pflanzen auf die andere Dachhälfte schippen. So braucht man nicht alles Material vom Dach herunterschaffen und kann es an Ort und Stelle wiederverwenden.

Dachrand und Halterungen prüfen

Den Dachrand sollten Sie regelmäßig inspizieren, besonders wenn er aus Holzbrettern besteht. Nur wenn das Holz abtrocknen kann, verrottet es nicht. Biegen sich die Bretter durch, müssen sie unterstützt werden. Die Durchlässe für das Wasser an der Traufe dürfen nicht verstopfen. Überprüfen Sie auch Halterungen und Beschläge immer mal, denn sie könnten korrodieren.

Photovoltaik-Module pflegen

Photovoltaik-Module reinigen sich in der Regel durch den Regen von selbst. Werden sie von Pflanzen beschattet oder haftet etwas an, erkennt man das an der Energieausbeute in der Monitoring-App. Zur Überprüfung der Begrünung sollte man einmal jährlich das Dach betreten und kann dabei die PV-Module mit Wasser, aber ohne Bürste oder Lappen, abspülen. Vogelkot und anhaftende Blätter weicht man erst etwas an und spült dann alles vom Modul herunter. Alle anderen Wartungen wie das Nachziehen von Schrauben oder das Prüfen der elektrischen Verbindungen überlässt man besser der Fachfirma, mit der man in der Regel auch einen Wartungsvertrag abgeschlossen hat. Dieser kann auch Voraussetzung für die Versicherung der Module sein.

Tierquartiere beobachten

Insektennisthilfen braucht man nicht zu pflegen, sondern gegebenenfalls nur zu reparieren. Nach einigen Jahren kann man die Stängel austauschen. Holzstämme mit Bohrlöchern können auf dem Dach verrotten. Darüber freuen sich verschiedene Käfer. Für die Wildbienen stellt man einfach einen neuen Holzklotz an einer anderen sonnigen Stelle auf. Falls vor der Insektennisthilfe allerdings höhere Stauden wachsen, die Schatten darauf werfen, müssen Sie diese Pflanzen entfernen. Nistkästen für Vögel sollte man bereits im frühen Herbst leeren. Am besten hängt man sie ab und öffnet sie erst über dem Kompost. Da die alten Nester oft voller Flöhe und Milben sind, sollte man dabei lange Hose und Handschuhe tragen und die Arme bedecken. Putzen mit Wasser oder gar Insektiziden sollte man aber tunlichst unterlassen! Hängen Sie die sauberen Kästen dann gleich wieder auf. Denn viele Höhlenbrüter schlafen in kalten Winternächten in den Kästen. Bilche wie Siebenschläfer und Gartenschläfer ziehen bereits im Oktober für den Winterschlaf ein.

Pflege der Begrünung

Man braucht bei flachen und flach geneigten Dächern nur eine Inspektion im Jahr, um unerwünschte Pflanzen (wie Sämlinge von Birken oder Weiden) zu entfernen und Probleme zu erkennen. Auch bei Gräsern, die angeflogen sind oder doch im Substrat oder Pflanzballen waren, sollten Sie vorsichtig sein und jäten. Keinesfalls darf man einen Unkrautstecher oder ähnliches Werkzeug benutzen! Ansonsten sollte man die Spontanentwicklung mit fremden Blütenstauden nicht stören. Außer Gehölzsämlingen, ankommenden Gräsern und Acker-Disteln, die mit ihren langen oder spitzen Wurzeln die Dachdichtung beschädigen können, gibt es auf dem Dach kein »Unkraut«, sondern nur Pionierarten, die es besiedeln.

Das sporadische Bewachsen des Kiesstreifens mit niedrigen Stauden und Gräsern ist kein Problem, solange die Drainage funktioniert.

Das ist kein Unkraut!

Auf vielen Gründächern siedeln sich ein- und mehrjährige Kräuter von selbst an. Sie müssen nicht entfernt werden, solange sie nicht überhandnehmen. Viele von ihnen säen wir sogar extra an, damit wir genug Samenpotential haben, wenn es nach langer Trockenheit zu Verlusten gekommen ist. Die Samen schließen diese Lücken wieder, wenn es feuchter wird.

Typische Besiedler sind Gewöhnlicher Reiherschnabel (Erodium cicutarium), Acker-Stiefmütterchen (Viola arvensis), Kleines Habichtskraut (Hieracium pilosella), Frühlings-Hungerblümchen (Erophila verna), Geruchlose Kamille (Tripleurospermum inodorum), Quendel-Sandkraut (Arenaria serpyllifolia), Niederliegendes Mastkraut (Sagina procumbens), Kleiner Sauerampfer (Rumex acetosella), Gemeines Greiskraut (Senecio vulgaris), Hopfen-Schneckenklee (Medicago lupulina) oder Acker-Ehrenpreis (Veronica agrestis) und verschiedene Grasarten.

Nehmen die genannten (und andere) Arten überhand, rupft man sie einfach mit der Hand aus, bevor sie Samen gebildet haben!

Kleinen Sauerampfer, Gemeines Greiskraut, Hopfen-Schneckenklee und Weißklee sollten Sie möglichst jäten, damit sie nicht das ganze Dach übernehmen, denn sie tendieren dazu.

In langen Trockenzeiten kann eine zusätzliche Bewässerung notwendig werden (nach mehr als fünf bis sechs Wochen bei naturnaher Begrünung, nach drei Wochen bei intensiver Begrünung, und extensive Begrünungen müssen nach der Entwicklungspflege gar nicht mehr gewässert werden): Bei kleineren Nebengebäuden kann man das Dach von einer Standleiter aus mit dem Gartenschlauch und feiner Düseneinstellung beregnen. Weniger als 10 Liter pro Quadratmeter sollten es nicht sein. Schauen Sie dazu auf eine Uhr, wie lange es dauert, bis eine Gießkanne mit dem Schlauch bei gleichem Strahl befüllt ist, und rechnen Sie diese Zeit auf die Quadratmeter Ihres Daches um.

Am besten fängt man an einer Ecke des Dachs mit der Beregnung an und bewässert nach und nach das gesamte Dach. War das Substrat komplett ausgetrocknet, dauert es eine Weile, bis es das Wasser aufsaugt (gute Substrate können bei 10 Zentimeter Höhe mehr als 30 Liter Regen pro Quadratmeter aufsaugen!). Sie können auch einen Schwenkregner auf das Dach stellen, müssen ihn aber mit Steinen beschweren, damit er nicht umfällt.

Stauden sind pflegeleicht!

Die Pflege einzelner Stauden ist nicht nötig! Weder schneidet man im Herbst abgestorbene Halme ab noch vertrocknete Blätter. Vertrocknete Pflanzenteile schützen die Pflanzen im Winter und bieten Insekten Überwinterungsmöglichkeiten. Denn in hohlen Halmen sowie zwischen abgestorbenen Horsten und aufliegendem Schnee bildet sich eine schützende Höhle, in der Insekten überwintern können. Abgestorbene Pflanzenteile fliegen nach dem Neuaustrieb im Frühjahr von selbst davon oder verrotten auf dem Dach und bilden neuen Humus.

Grasdächer eventuell mähen und abrechen

Ist der Aufwuchs eines vorwiegend mit Gräsern besiedelten Dachs zu üppig, kann man ihn gegebenenfalls vorsichtig per Hand mit einer Sichel oder einer elektrisch betriebenen Handheckenschere abmähen. Die Ursache ist meist ein Zuviel an Nährstoffen im Substrat. Mit dem Entfernen des Aufwuchses werden die Nährstoffe mit der Zeit entzogen. Mengen an vertrockneten Gräsern werden mit einem Fächerbesen, Kunststoff- oder Holzrechen ausgekämmt.

Kletterpflanzen regelmäßig kontrollieren

Eine Fassadenbegrünung kann schnell bis auf das Dach hinaufwachsen und die Dachbegrünung vollständig überwachsen. Das sollte man auf alle Fälle verhindern, indem man die Kletterpflanzen regelmäßig unterhalb des Dachüberstandes abschneidet. Besonders die Selbstklimmer müssen zweimal im Jahr überwacht werden. Kletterhilfen bringt man am besten so an, dass die Kletterpflanzen, die darauf angewiesen sind, von dort nicht weiter ranken, klimmen oder winden können.

Sind die Kletterpflanzen als Dachbegrünung vorgesehen, muss man sie durch Anbinden und Abschneiden in die gewünschte Richtung lenken. Regenrinnen, Fenster und Türen müssen regelmäßig freigeschnitten werden.

Unser Tipp

Bei Schnee darf man das Dach nicht betreten! Nur ohne Schnee ist man durch die beim Bau des Gebäudes berücksichtigte Verkehrslast sicher, wenn man das Dach zur Kontrolle betritt. Allerdings darf dann auf einem kleineren Dach nur eine Person stehen! Am sichersten ist es, wenn das Dach im Sommer, und nur wenn das Substrat trocken ist, betreten wird.

Hier begrünt die Kletterpflanze das Dach. Diese Art der Dachbegrünung bietet sich vor allem bei sehr steilen und schattigen kleinen Dächern an. Auf der sonnenabgewandten Seite leitet man die Triebe der Kletterpflanzen zum Dach, bis sie in der Sonne angekommen sind und das Dach erobern. Dort kann man sie gezielt leiten, ohne die Dachhaut zu beschädigen. Die gewählte Kletterpflanze sollte schnittverträglich sein, damit Sie die Dachrinne freihalten können.

Ein Wasseranschluss für Schlauch oder Tröpfchenbewässerung auf dem Dach ist komfortabler als der Transport eines Schlauches. Die Leitung muss aber sicher befestigt und vor dem Winter frostsicher entleert und abgesperrt werden können. Siehe hierzu auch Seite 125.

links oben: Das Rohr der Wasserleitung (¾ Zoll im Durchmesser) schmiegt sich im unauffälligen Grau an das Fallrohr

rechts oben: Der Wasseranschluss für den Gartenschlauch – dort kann auch eine Zeitschaltuhr angebracht werden

links unten: Mit der Schellenbefestigung ist die Wasserleitung unkompliziert am Fallrohr montiert

rechts unten: Die Wasserleitung benötigt ein Außengewinde, damit Sie den Druckminderer, der zum Bewässerungssystem auf dem Dach gehört, anschrauben können

Mit einem biodiversitätsfördernden Dach können Sie vermeintlichen Pflanzenschädlingen gelassen begegnen

Je naturnäher, also artenreicher und vielfältiger ein Dach gestaltet und bepflanzt wird, desto unwahrscheinlicher ist es, dass sich vermeintliche Schädlinge dort in Massen ansiedeln und ausbreiten können. Dasselbe gilt auch für den Garten. Wo es Vielfalt statt Monokulturen gibt, halten sich die Arten gegenseitig in Schach.

Insektenarten wie Blattläuse sind zudem eine wichtige Nahrung für Vögel, ebenso wie Raupen, die an Blättern fressen und später zu Schmetterlingen werden. Es ist daher immer angebracht, den Blick auf die Vielfalt an Beziehungen zwischen Pflanzen- und Tierarten zu lenken, geduldig abzuwarten und den Regulationsmechanismen der Natur zu vertrauen. Die meisten gesunde Pflanzen können selbst nach Kahlfraß wieder austreiben.

Ein naturnahes Umfeld wie ein naturnaher Garten hilft, das Gleichgewicht zwischen sogenannten Schädlingen und Nützlingen zu bewahren. Neben heimischen Pflanzen helfen auch hier Versteck- und Überwinterungsmöglichkeiten für räuberische Insekten, wie zum Beispiel dem Marienkäfer. Laubhaufen und etwas Totholz zwischen den Heckensträuchern und das Stehenlassen abgestorbener Staudenstängel bis März sind einfache Maßnahmen, die man in jedem, noch so kleinen Garten ganz einfach umsetzen kann.

Nährstoffversorgung nach einigen Jahren

Wenn eine üppige und gesunde Intensivbegrünung plötzlich die Farbe ändert, kümmert oder andere Veränderungen aufweist, kann neben Trockenheit oder Staunässe auch Nährstoffmangel die Ursache sein.

Die von uns beschriebenen naturnahen und extensiven Dachbegrünungen brauchen Sie jedoch – bis auf zwei Ausnahmen – nicht zu düngen, und Düngen kann sogar schädlich sein. Es erhöht den Wasserbedarf der Pflanzen.

Erste Ausnahme: Zwerggehölze dürfen nach einigen Jahren gezielt mit einem Esslöffel Hornspäne und einer kleinen Schaufel voll Kompost nachgedüngt werden, wenn sie durch Blattverfärbungen Anzeichen von Nährstoffmangel zeigen. Kleinwüchsigkeit und Krüppelwuchs gehören allerdings nicht dazu, sondern sind typisch für diese Arten.

Zweite Ausnahme: Wenn es im ersten Jahr nach der Bepflanzung sehr viel regnet, kommt es vor, dass die Nährstoffe komplett ausgewaschen wurden und sich die Pflanzen im zweiten Jahr nur noch spärlich entwickeln. Steuen Sie dann Ende Februar, Anfang März pro Quadratmeter 10 Gramm organischen Dünger (in Mehlform) auf und schlämmen ihn mit der feinen Brause des Gartenschlauches ein. Denn nur so gelangt er in den Boden, wo er von den Mikroorganismen umgesetzt wird und so für die Pflanzen verfügbar wird. Später entsteht über die verrottenden Pflanzenteile genügend Humus und auch über den Luftstickstoff wird das Dach ausreichend gedüngt.

Unerwünschte Gäste auf dem Dach

So gerne wir Tiere haben, manche von ihnen können auch lästig sein oder gar die Dachbegrünung schädigen. Doch vor dem Vergrämen sollte man sicher sein, dass die Tiere wirklich Schaden anrichten, und gegebenenfalls nur zu tiergerechten und umweltfreundlichen Mitteln greifen.

- Manchmal gehen Katzen auf ein Dach und markieren dort ihr Revier mit Urin oder Kot. Das Scharren im Substrat und die Ausscheidungen können die Begrünung stellenweise schädigen. Zum Vergrämen eignet sich ein Wasserschlauch oder eine Wasserpistole. Am wirkungsvollsten ist diese Methode, wenn die Katze einen dabei nicht sieht. Vielleicht kann man ihr auch ganz einfach mit etwas Draht den Weg auf das Dach versperren.
- Wenn das Dach für Beutegreifer, zum Beispiel Marder oder Waschbären, zugänglich ist, sollten Sie dort keine Vogelnisthilfen aufstellen.
- Manchmal hört man, dass in Scharen auftretende Vögel wie Tauben, Krähen oder Möwen die Vegetation mit ihren Ausscheidungen schädigen sollen, wenn sie das Dach zu ihrem Rastplatz erklären. In unserer Praxis haben wir es allerdings noch nie erlebt, dass Vögel größere Schäden anrichten. Hier tut Gelassenheit gut.

Unser Tipp

Ultraschall- und andere Lärmanlagen gegen unerwünschte Tiere sollte man keinesfalls benutzen. Sie verstören auch erwünschte Gäste oder Haustiere und werden von jungen Menschen wahrgenommen. Die Geräte müssen von Nachbarn nicht geduldet werden und sind auf Dauer auch völlig wirkungslos, da sich die unerwünschten Tiere meist am schnellsten daran gewöhnen.

Substrat und Vegetation ausbessern

Kleinere Schäden an Substrat und Vegetation können ausgebessert werden, wenn sie nicht mehr als etwa 10 Prozent der Dachfläche betreffen. Am besten sucht man erst einmal nach der Ursache der Schäden, damit man auch nachhaltig ausbessern kann. Andernfalls hat man das gleiche Problem bald wieder. So können Sie kleine Schäden beheben:

Nachpflanzen und Nachsäen von Kahlstellen

Kleinere unbepflanzte Flächen auf dem naturnahen Dach sind kein Mangel, sondern erhöhen die Vielgestaltigkeit. Ganz sicher findet sich bald ein »Liebhaber« in Pflanzen- oder Tiergestalt, der diese Fläche besiedelt oder nutzt. Empfindet man eine Kahlfläche als optisch störend, muss man zunächst die Ursache dafür ermitteln. Meist ist es dort zu trocken (Regenschatten), zu nass (stehendes Wasser bei unebenen Flachdächern), zu windig (Windecken) oder zu schattig. Bei jungen Dachbegrünungen kann man einfach warten, was sich nach und nach von selbst ansiedelt (außer Gehölzen). Oder man deckt die Stelle dekorativ mit Kies, schönen Steinen, einer Wurzel oder Ähnlichem (was nicht herunterfallen kann!) ab. Für den Regenschatten eignen sich Insektennisthilfen oder ein kleiner Haufen lehmiger Sand besonders gut. So braucht man nicht aufwendig und ohne Erfolgsgarantie nachpflanzen, sondern nutzt die freie Fläche, um die Vielfalt auf dem Dach zu erhöhen.

Frostschäden und Nässeschäden

Bei falscher Pflanzenwahl können nach dem Winter einzelne Arten, die dem Frost nicht standgehalten haben oder bei anhaltendem Frost vertrocknet sind, abgestorben sein. Man braucht sie nicht zu entfernen, denn in der Regel übernehmen frosttolerantere den frei gewordenen Platz. Manchmal treiben die geschädigten Pflanzen wieder von selbst aus, obwohl sie abgestorben schienen. Deshalb unbedingt bis zum Juni warten, bevor man eine Pflanze für abgestorben erklärt.

Die meisten »Frostschäden« sind Nässeschäden, bei denen die Wurzeln verfault ist, weil es im Winter zu nass war. Bei guter Drainage, mageren Substraten und Verwendung von Flachballen passiert das jedoch sehr selten.

Hochfrieren einzelner Wurzelballen

Die Ursache für das Hochfrieren ist, dass der Wurzelballen mehr Wasser speichert als das Substrat, sich deshalb bei Frost ausdehnt und dabei die Pflanze nach oben schiebt. Das passiert, wenn zu spät im Jahr (ab Mitte September) gepflanzt wurde und die Staude nicht genügend Zeit zum Einwurzeln hatte. Bei Kleintopfstauden mit flachem Ballen sollte das nicht passieren, weil diese Pflanzen in einem ähnlich mageren Substrat gezogen wurden.

Man kann die hochgefrorenen Ballen im Frühjahr wieder andrücken oder neu, und diesmal etwas tiefer, einpflanzen. Notfalls entfernt man dazu den unteren Teil des Ballens, damit er flacher wird.

Flächige Frostanhebungen

Wenn sich ganze Flächen anheben, ist meist das Substrat zu humusreich und nass. Auch eine Senke mit stehendem Wasser unter dem Substrat kann die Ursache sein, wenn sich dort Eis bildet. In diesem Fall muss man das Substrat lockern und mit mineralischen porenreichen Schüttstoffen (wie Bims) abmagern. Auch eine verstopfte Drainage oder ein verstopfter Wasserablauf kann die Ursache sein. Dieses Problem muss möglichst bald behoben werden.

Substratschwund

Substratschwund passiert nur bei Substraten, die nicht ausreichend strukturstabil sind (das heißt, sie haben einen Humusanteil von mehr als 50 Prozent). Bei Frost verwittern sie oder der organische Anteil setzt sich und ist nach ein paar Jahren abgebaut. Man füllt einfach neues, strukturstabiles und zur Bepflanzung passendes Substrat 1 bis 2 Zentimeter hoch auf, ohne dabei die Pflanzen zuzudecken.

Windverwehungen

An windexponierten Stellen wird es auch nach dem Auffüllen von neuem Substrat immer wieder Verwehungen geben – wobei es dazu unserer Erfahrung nach nur bei Steildächern kommen kann. Um das zu verhindern, muss man das neue Substrat begrünen. Weil flache Steine oder Kies auf einem Steildach rutschen, kann man das Substrat nicht damit abdecken.

Aus einem Vliesrest kann man auch eine Vegetationsmatte herstellen. Dazu näht man ihn zu einem Sack zusammen, füllt ihn mit etwas Substrat und legt ihn flach auf. In die obere Vliesbahn schneidet man kreuzförmige Schlitze und pflanzt besonders windstabile Pflanzen, zum Beispiel Horstgräser hinein.

Wassererosion

An Steildächern kann das Substrat vom schnell abfließenden Wasser bei Starkregen mitgenommen werden. Meist ist das Dach zu steil, es wurden nicht genügend Schubschwellen eingebaut, die Substratdecke war zu dünn oder das Material nicht geeignet (fehlende Bindigkeit, Benetzbarkeit). Auch eine zu dünne Anfangsbepflanzung kann dazu führen. Mit aufgelegten Sedummatten kann man kleinflächige Schäden reparieren. Großflächige Schäden können nicht repariert werden. Dort muss der Unterbau noch mal neu gebaut und Substrateinbau und Begrünung ein zweites Mal durchgeführt werden.

Vernässung

Bei Flachdächern können Senken mit stehendem Wasser die Ursache für Vernässung sein. Dort kann man das Substrat etwas dicker aufschütten und so einen kleinen Hügel bilden, damit die Pflanzen nicht zu lange im Wasser stehen. Oder man dekoriert die Stelle mit Totholz. Vernässungen können auch aufgrund einer verstopften Entwässerung entstehen.

Bei ständig vernässten Dächern können Sie nachträglich eine Drainage integrieren, also zweischichtig bauen: Dazu nehmen Sie alle zwei bis drei Meter einen etwa 30 Zentimeter breiten Streifen Substrat samt Bepflanzung heraus und legen es mit einer Flachschaufel zur Seite auf eine Folie. Auf das nun offen liegende Vlies der freigelegten Stellen geben Sie dann entweder Kies (0/32 mm), sofern es die Lastreserven zulassen. Oder Sie verlegen eine Drainagematte (siehe dazu auch Seite 37): Dafür schneiden Sie das Vlies vorsichtig überkreuz auf und legen die Drainagematte darunter. Auf diese Weise stellen Sie eine Verbindung zum nächsten Wasserablauf her. Anschließend können Sie die Vegetationsstücke einfach wieder auf der oberen Vlieslage der Drainagematte verlegen und die Lücken mit dem restlichen Substrat füllen.

Trockenschäden

Die Vegetation auf dem Dach kann komplett ausfallen, wenn die Pflanzenwahl falsch war, das Substrat zu dünn oder zu mineralisch gewählt wurde und lang anhaltende Trockenheit herrscht. Doch muss man nicht gleich alles neu bepflanzen, sondern kann warten, bis sich die Vegetation von selbst umstellt. Das heißt, besser angepasste Arten setzen sich durch oder siedeln sich neu an. Sie können auch etwas neues Substrat über die Fläche ziehen und mit einjährigen oder zweijährigen Pflanzen aus unseren Listen nachsäen (siehe ab Seite 137).

Bei zu mineralischem Substrat kann auch eine Erhöhung des Humusanteils vorteilhaft sein. Dazu etwa einen Eimer Kompost (RAL-zertifiziert) oder torffreie Erde pro zwei bis drei Quadratmeter ausstreuen und mit der Gießbrause einspülen.

Zu viele Moose auf dem Dach

Auch auf älteren und viele Jahre nicht gepflegten Dächern wird die Begrünung nicht verfilzen, es bilden sich höchstens viele Moose. Das kann so auch in Ordnung sein. Wenn Sie das aber nicht möchten, rechen Sie die Moosschicht vom Dach und entfernen die Moose. Danach tragen Sie dort neues intensives Dachsubstrat in einer Dicke von 5 bis 6 Zentimetern auf und bepflanzen und säen das Dach neu ein.

Wenn Sie die gesamte Vegetationsschicht abnehmen wollen, können Sie bei geringen Substratdicken unter Umständen Teile oder das gesamte Vlies mitsamt der Vegetation abheben oder vom Rand her aufrollen. Bei höherer Auflage schält man die grüne Matte mit der Flachschaufel vom Vlies ab, ohne dabei die Dachhaut zu beschädigen. Ist sowieso geplant, eine neue Dachhaut zu verlegen, muss man natürlich nicht so vorsichtig sein.

Beachten Sie aber, dass eventuell dabei mitabgenommene mineralische Sustratteilchen und Vliesreste nicht verrotten. In diesem Fall können Sie damit einen eigenen Komposthaufen errichten, indem Sie die abgenommenen Stücke aufeinanderschichten und den feuchten Haufen mit einer Plane abdecken. Die Vliesreste kann man nach etwa zwei Jahren gut mit der Hand entfernen und die entstandene Komposterde mit den Substratteilchen auf Beeten, in großen Pflanzlöchern, in Pflanzkübeln, unter Gehölzen oder an abgesenkten Gartenstellen verwenden.

Die kleine Vogeltränke auf dem Dach braucht maximal einmal im Jahr gereinigt zu werden: Bei passender Bepflanzung bleibt das Wasser auch dauerhaft sauber. Der Teich auf dem Foto besteht bereits seit zehn Jahren.

Nach Gehölzsämlingen (rechts im Bild ein Ahornsämling) sollten Sie allerdings jährlich einmal Ausschau halten und diese entfernen. Um diese unerwünschten Sämlinge sicher zu bestimmen (und nicht versehentlich etwas anderes zu entfernen), können Pflanzenbestimmungsbücher und Bestimmungs-Apps sehr hilfreich sein (siehe auch Seite 187).

Ausblick auf Ihr blühendes Dach

Wir hoffen, Ihnen mit diesem Buch eine praxisgerechte und einfach umsetzbare Anleitung für eine naturnahe Dachbegrünung an die Hand zu geben. Vielleicht sind die technischen Voraussetzungen anfangs etwas verwirrend, aber sobald Sie die wichtigsten Kenngrößen für Ihr eigenes Dach ermittelt haben, wird der Weg zu Ihrem blühenden Dach erkennbar.

Etwas Verständnis für Pflanzen und deren Bedürfnisse haben Sie sicher auch bekommen und können das neu gewonnene Wissen nicht nur auf dem blühenden Dach, sondern auch im Garten anwenden. Außerdem haben Sie sicherlich Namen von Pflanzen in unseren Listen gelesen, die Sie bisher nicht kannten, und sind gespannt darauf, wie sie aussehen und sich auf Ihrem Dach entwickeln werden.

Die Gestaltung eines blühenden Daches ist zudem eine kreative und zutiefst befriedigende Arbeit, die Sie hoffentlich genießen werden. Besonders schön wird es sein, den Pflanzen beim Wachsen und dem Dachbiotop bei der Entwicklung zuzusehen. Jede Jahreszeit wird in jedem Folgejahr ein etwas anderes Bild zeigen, wodurch Sie die Dynamik der Natur direkt erfahren. Im Gegensatz zum häufig intensiv genutzten Garten haben wir es auf dem Dach mit einem Lebensraum zu tun, der eher einem Mini-Naturschutzgebiet gleicht, weil Pflegearbeiten fast gänzlich entfallen. Umso schöner, wenn Sie beim Betrachten der Pflanzen auch Tiere beobachten können, die dort oben ungestört sind. Da wir Ihnen heimische und selten gewordene Pflanzen vorschlagen, werden auch selten gewordene Insekten wie Käfer, Wildbienen und Schmetterlinge angezogen.

Jedes Mosaiksteinchen kann helfen, selten gewordenen Pflanzen und Tieren das Überleben und die Verbreitung zu sichern. Dazu braucht es nicht nur Naturschutzgebiete, sondern viele kleine Flecken, die Pflanzen und Tieren als Trittsteine dienen. Gerade Gärten mit allen Flächen, seien es wilde Ecken, Wiesenstücke, Pflasterfugen, begrünte Fassaden und eben auch naturnahe Blütendächer, bieten ein riesiges Potential, das wir alle ausschöpfen sollten. So kann jede engagierte Gärtnerin und jeder naturbegeisterte Gärtner dazu beitragen, das Überleben von vielen bedrohten Arten und somit die Biodiversität zu sichern und dem Artensterben etwas entgegenzusetzen.

Bereits zwei Jahre nach der Begrünung kann das Dach solch eine blühende Oase sein

Wir wünschen Ihnen viel Erfolg beim Gestalten Ihres blühenden Daches und freuen uns, dass Sie ein kleines Stückchen Ihres Grundstücks der Natur zurückgeben möchten.

Die Autorin

Brigitte Kleinod ist Diplom-Biologin, Autorin zahlreicher Gartenbücher und war über 25 Jahren Gartenplanerin im Rhein-Main-Gebiet. Als Mitglied im Naturgarten e. V. ist sie auf die Anlage naturnaher und pflegeleichter Gärten spezialisiert. Darüber hinaus hielt sie zahlreiche Vorträge, Kurse und Seminare zu verschiedenen Gartenthemen. Ihre Erfahrungen aus vielen Hundert Gartenberatungen fließen in ihre Bücher ebenso ein wie die Arbeit im eigenen großen Garten. Als Rentnerin lebt sie jetzt in Schleswig-Holstein und ist dort weiterhin ehrenamtlich im NABU aktiv. Unter anderem pflegt sie einen NABU-Schmetterlingsgarten und leitet Freiwillige im Ökologischen Jahr (FÖJler) an. Besonders der Artenschutz an Gebäuden und die Biodiversität im Siedlungsraum sind jetzt ihre Themen.

Der Autor

Gärtnermeister und Naturgartenplaner **Friedhelm Strickler** ist Gründer der Wildpflanzengärtnerei Strickler (zertifizierter Fachbetrieb für Naturnahes Grün) in Alzey in Rheinland-Pfalz. Seine hohe fachliche Kompetenz und langjährige Erfahrung bei Anzucht und Verwendung von Wildpflanzen schätzen Kunden bei Planung und Gestaltung von Gärten und öffentlichem Grün sowie Gewerbegrün und industriellen Flächen. Sein Schwerpunkt liegt dort auf der Aufwertung der Grünflächen durch gute und dauerhafte Pflanzenkombinationen und naturnahe Strukturen, die zu einer wesentlich höheren Biodiversität führen.

▹ **Mehr unter: www.gaertnerei-strickler.de**

Anhang

Begriffe und Umrechnungshilfen

Wir haben uns bemüht, alle Fachbegriffe und Dimensionen von technischen Größen praxisgerecht darzustellen. Beim Nachschlagen in anderen Büchern, besonders technischer Fachliteratur, werden Ihnen aber immer wieder andere Begriffe und Dimensionen begegnen. Deshalb im Folgenden ein Anhang, der die wichtigsten Begriffe erläutert (aber keinen Anspruch auf Vollständigkeit erhebt).

Lasten und Gewichte

Beim Thema »Dachbegrünung« gehen die Angaben von Last und Gewicht oft durcheinander, was verwirren kann. Es gibt verschiedene Lasten, für die ein Dach ausgelegt sein muss. Dacheindeckung und Dachbegrünung wirken als ruhende senkrechte Lasten auf die Dachkonstruktion. Beim Kauf der Materialien rechnet man die Lasten der Einfachheit halber in Gewichte um, die pro Quadratmeter Dachfläche auf der Konstruktion ruhen.

Um vom Gewicht (in kg) zur Last (in kN/m^2) zu kommen, berechnet man zunächst die Kraft (in N): Man multipliziert das Gewicht (in kg) mit der Erdbeschleunigung ($9{,}81\ m/s^2$), vereinfacht mit $10\ m/s^2$: $1\ kg \times 9{,}81\ m/s^2$ entspricht ungefähr 10 N (Newton) oder 0,01 kN (Kilonewton).

Das Gewicht (in kg) oder die Kraft (in kN) sollte dann jeweils auf einen Quadratmeter (m^2) bezogen werden: als flächenbezogene Gewichtskraft (in kg/m^2) und als Last (in kN/m^2). So können Sie die benötigten Mengen für die Dachbegrünung und die Lasten für Ihre eigene Dachfläche bestimmen. Ein Dach hat unterschiedliche Lasten zu tragen:

➤ Nutzlast

Die Lastreserve, die nach Abzug aller anderen Lasten verbleibt. In der Praxis die Last, die ein fertig konstruiertes Dach tragen kann, zum Beispiel in Form einer Dacheindeckung oder Begrünung.

➤ Schneelast

Die zu erwartende Last durch Schnee (sie ist durch die sogenannten »Schneelastzonen« für unterschiedliche Gebiete und Höhenlagen behördlich angesetzt). Ein mittlerer Wert für Deutschland ist $0{,}75\ kN/m^2$. In schneereichen Gegenden kann sie deutlich höher liegen.

➤ Verkehrslast

Die Last, die beim Betreten des Dachs entsteht. Hier werden meist $0{,}75\ kN/m^2$ eingesetzt (ein durchschnittlicher Mensch wiegt 75 kg).

➤ Windlast

Die Last, die bei besonders exponierten, steilen oder besonders geformten Dächern entsteht. Sie sollte bereits in der Statik und beim Bau des Daches berücksichtigt worden sein. Sie erhöht sich bei niedrigen extensiven und naturnahen Begrünungen nicht, wohl aber, wenn größere Sträucher oder Bäume oder eine Photovoltaik-Anlage auf einem Dach stehen, an denen der Wind angreifen kann.

➤ Ständige Lasten

Eine Dachbegrünung ist, genauso wie eine Dacheindeckung, eine ständige Last. Um sie zu ermitteln, rechnet man das Gewicht des Substrates (im nassen Zustand) und seine Höhe auf dem Dach zusammen mit dem Gewicht der Pflanzen in kN/m^2 um. Auch eine Photovoltaik-Anlage ist eine ständige Last, die berücksichtigt werden muss.

➤ Nicht ständige Lasten

Darunter werden Schneelast und Verkehrslast verstanden. Da sie in den meisten Gegenden annähernd gleich angenommen werden (etwa 0,75 kN/m^2), kann man bei Nebengebäuden beide Lasten wechselseitig nutzen: Man geht nur auf das Dach, wenn kein Schnee liegt.

Substratgewichte und Lasten der Begrünung

Zum Berechnen der Last, die durch eine Substratauflage entsteht, muss das spezifische Gewicht des Materials bekannt sein (zum Beispiel: 1 m^3 Substrat wiegt 1 Tonne oder 1000 kg) . Wichtig ist aber, wie viel es im wassergesättigten Zustand wiegt! Entweder gibt der Hersteller dies an oder man multipliziert das Gewicht mit einem Faktor, der die Wasserkapazität (das Wasserhaltevermögen) beschreibt. Beträgt die Wasserkapazität beispielsweise bis zur Hälfte des Eigengewichts, wiegt das Substrat nicht mehr 1 Tonne, sondern 1,5 Tonnen oder 1500 kg.

Die Tabelle auf Seite 180 zeigt die spezifische Masse von Schüttgütern und Substratbestandteilen sowie fertigen Substratmischungen in wassergesättigtem Zustand. Im trockenen Zustand ist der Humus zwar leichter, er kann jedoch große Mengen Wasser aufnehmen und speichern.

Zur Berechnung der Last Ihres Substrataufbaus müssen Sie die Höhe Ihres individuellen Substrataufbaus multiplizieren mit der Last dieses Aufbaus bei 1 Zentimeter Höhe. Zuschlagstoffe wie Kompost werden dabei in ihrem prozentualen Anteil (Volumen-Prozent) berücksichtigt. So setzt sich eine Lava-Bims-Mischung mit 10-prozentigem Humusanteil aus 90 (Volumen-)Prozent mineralischem Gemisch und 10 (Volumen-)Prozent Humus zusammen.

■ Unser Tipp

Beim Mischen und beim Transport auf das Dach sind die beim Kauf (annähernd) trockenen Substratbestandteile um etwa zwei Drittel leichter, denn wir haben in unseren Beispielen und Tabellen die Massen oder Lasten immer im wassergesättigten Zustand angegeben! Dies gilt jedoch nicht für den Drainagekies, der kein Wasser aufsaugen kann.

Schüttgüter, Substratbestandteile und Substratmischungen: spezifische Dichte (im wassergesättigten Zustand), Gewicht und Last

Material (Korngröße)	Spezifische Dichte	Flächengewicht* bei 1 cm Höhe	Last bei 1 cm Höhe
Drainagekies (16 mm)	1600 kg/m³	16 kg/m²	0,16 kN/m²
Sand (0–2 mm)	2000–2200 kg/m³	20–22 kg/m²	0,2–0,22 kN/m²
Kalksplitt (0–32 mm)	2000–2200 kg/m³	20–22 kg/m²	0,2–0,22 kN/m²
Bimskies (2–20 mm)	1200 kg/m³	12 kg/m²	0,12 kN/m²
Leicht-Lava (2–6 mm)	500–600 kg/m³	5–6 kg/m²	0,05–0,06 kN/m²
Lava-Bims-Gemische (2–6 mm)	700–800 kg/m³	7–8 kg/m²	0,07–0,08 kN/m²
Ziegelsplitt (2–16 mm)	900–1200 kg/m³	9–12 kg/m²	0,09–0,12 kN/m²
Blähton	500–600 kg/m³	5–6 kg/m²	0,05–0,06 kN/m²
Gartenerde, Grassoden	1600–1800 kg/m³	16–18 kg/m²	0,16–0,18 kN/m²
Einheitserde	800–1000 kg/m³	8–10 kg/m²	0,08–0,1 kN/m²
Rindenkompost, Kompost (RAL)	1100–1200 kg/m³	11–12 kg/m²	0,11–0,12 kN/m²

*Der Begriff »Flächengewicht« ist physikalisch nicht richtig, korrekt heißt es »flächenbezogene Masse«. Das ist aber im Sprachgebrauch unüblich, deshalb verwenden wir den Begriff »Flächengewicht«.

Der Anteil der Pflanzen am Gewicht einer Dachbegrünung ist je nach Pflanzenhöhe und Bewuchsdichte mit 5–10 kg/m² relativ gering (beziehungsweise die Last mit 0,05–0,1 kN/m²). Wir meinen, dass er bei extensiven und naturnahen Begrünungen vernachlässigt werden kann. (Nur bei Intensivbegrünungen mit größeren Gehölzen spielt das Gewicht oder die Last der Begrünung eine Rolle. Bei größeren Gehölzen müssen außerdem die zusätzlichen Windlasten berücksichtigt werden.)

Dachneigung und Dachgefälle

Die Neigung der Dachkonstruktion wird immer in Grad (°) angegeben. Flachdächer (0-Grad-Dächer) können auf der obersten Dachschicht ein Gefälle in Richtung Entwässerung haben. Dieses wird immer in Prozent (%) angegeben.

Geneigte Dächer haben zwangsläufig ein Gefälle und werden am tiefsten Punkt entwässert.

➤ Berechnung des Gefälles in Prozent (%)

Mit einer langen Wasserwaage und einem Zollstock oder einer Richtlatte kann man das Gefälle eines Daches leicht bestimmen (und mithilfe der Tabelle in Grad umrechnen). Die Höhendifferenz in Zentimeter pro gemessenem Meter Strecke entspricht dem Gefälle in Prozent.

Beim Flachdach misst man einmal in Querrichtung und einmal in Längsrichtung des Daches. Dabei kann man auch Unebenheiten und größere Senken feststellen und kontrollieren, ob ein vorhandener Gully ordnungsgemäß an der tiefsten Stelle eingebaut wurde.

➤ Berechnung der Neigung in Grad (°)

Dazu benötigt man einen Winkelmesser (zum Beispiel ein Geodreieck) und eine Wasserwaage. Man legt das Geodreieck mit dem langen Schenkel auf eine ebene Fläche auf, peilt über die Dachkante und liest das Gefälle auf dem Geodreieck ab. Mit der Wasserwaage kann man sicherstellen, dass das Geodreieck waagrecht liegt. Ebenso kann man das Geodreieck mit einem kurzen Schenkel an einer senkrechten Wand oder einem Pfosten anlegen.

Umrechnung von Grad in Prozent

Neigung in Grad (°)	Gefälle in Prozent (%)
3	5,2
5	8,8
10	17,6
15	26,8
20	36,4
25	46,6
30	57,7
35	70,0
40	83,9
45	100,0

Umrechnung von Prozent in Grad

Gefälle in Prozent (%)	Neigung in Grad (°)
5	2,9
10	5,7
15	8,5
20	11,3
30	16,7
40	21,8
50	26,6
60	31,0
80	38,7
100	45,0

Entwässerung

Viele Gartenhäuser werden in Bausätzen ohne Entwässerungsbauteile geliefert. Baut man das Gebäude selbst oder muss im Zuge der Begrünung eine alte Entwässerung erneuern, muss man sich ebenfalls Gedanken über den richtigen Durchmesser der Entwässerungsbauteile machen. Doch auch Niederschlag und Dachneigung gehen in die Berechnung des Abflussbeiwertes ein (siehe Seite 182, Abflussbeiwert).

➤ Niederschlag

Unter Niederschlag werden Regen, Graupel, Hagel und Schnee verstanden. Die festen Komponenten Graupel, Hagel und Schnee bleiben auf dem Dach liegen und sind eine Schneelast. Wenn sie tauen, geschieht dies meist langsam und stetig.

Regen (flüssiger Niederschlag) kann in großen Mengen kurz und heftig anfallen (Starkregen) oder, für die Begrünung optimal, stetig und in kleinen Tröpfchen.

Für die Begrünung und das Substrat ist sowohl die durchschnittliche Regenmenge als auch das Auftreten von Starkregen und die Länge der regenfreien Zeiten im Sommer wichtig. Fällt der Niederschlag vorwiegend im Winter als Schnee, ist das zwar ein guter Frostschutz für die Pflanzen, trägt aber nicht zur Wasserversorgung im Sommer bei. In diesem Fall muss man auf die Erfahrungen mit der Niederschlagsverteilung im Jahr in der Gegend zurückgreifen.

Man unterscheidet zwischen dem mittleren und dem maximalen Niederschlag:

- In Deutschland beträgt der Niederschlag im Mittel pro Jahr etwa 750 Millimeter oder Liter pro Quadratmeter. Der mittlere Jahresniederschlag sagt aber nichts aus über die Wassermengen, die innerhalb weniger Minuten auf eine Fläche regnen können.
- Der maximale Niederschlag ist hingegen die Menge an Niederschlag, die in einer definierten Zeit auf eine Fläche fällt. Dafür werden entweder 1 Minute, 15 Minuten oder 60 Minuten angegeben. Da Gründächer den Abfluss verzögern und gute Substrate viel Wasser speichern können, ist die Angabe von Niederschlag innerhalb von 15 Minuten am zweckmäßigsten.

Von Wetterämtern wird der Niederschlag oftmals in Liter oder Millimeter pro Sekunde und Hektar (ha) innerhalb von 15 Minuten angegeben (1 ha = 10 000 m²).

➤ Abflussbeiwert und Entwässerung

Jedes Dach ist eine Entwässerungsfläche, auf die Niederschlag trifft und abgeführt werden muss. Dieses Wasser gelangt entweder in den öffentlichen Kanal (und kostet Abwassergebühr) oder es wird in einen Vorratsbehälter (Zisterne, Regentonne) geleitet und kann im Haus und Garten wiederverwendet werden. Kleinere Mengen Wasser kann man auch in einen Gartenteich oder über einen Sickerschacht (Rigole) in den Garten leiten.

Bei flachen Dächern entspricht die Entwässerungsfläche der gemessenen Dachfläche. Bei steilen Dächern zählt nur die Projektionsfläche, also die horizontal über dem Dach gemessene Fläche (wie auf einer Karte). Die Wassermenge, die vom Dach pro Zeiteinheit abfließt, hängt von der Dachfläche (oder Projektionsfläche) und der Dachneigung ab. Je steiler ein Dach ist, desto schneller läuft Wasser ab.

Ein weiterer Faktor ist der Abflussbeiwert, der etwas über die Rauigkeit der Dachhaut aussagt. Bei hart gedeckten Dächern beträgt er 1, was bedeutet, 100 Prozent des auftreffenden Wassers fließen vom Dach direkt wieder ab. Bei begrünten Dächern beträgt der Abflussbeiwert zwischen 0,4 und 0,6, je nach Dicke und Wasserhaltefähigkeit des Substrates sowie der Dachneigung: Diese Annahme, dass nur die Hälfte des anfallenden Dachwassers in die Entwässerung gelangt, ist ein guter Mittelwert, mit dem man die benötigten Dimensionen der Entwässerungsbauteile abschätzen kann.

Traufe, Regenrinne, Gully und Co.

Für die Berechnung des Querschnitts von Gullys, Regenrinnen und Abflussrohren sind die Dachfläche, die Dachneigung und der Abflussbeiwert entscheidend. Bei hart gedeckten geneigten Dächern spielt auch die Länge der Dachfläche vom First bis zur Traufe eine Rolle.

Bei begrünten Dächern wird die Abflussmenge durch Vlies und Substratschicht auch zeitlich stark verzögert. Bei steilen begrünten Dächern tragen zu dieser Verzögerung auch die Schubschwellen bei.

Die pro Zeiteinheit und Fläche anfallende Abflussmenge ist bei begrünten Dächern also wesentlich geringer als bei hart gedeckten Dächern. Alle Gullys, Regenrinnen und Abflussrohre können deshalb im Durchmesser um ein Viertel bis ein Drittel kleiner ausfallen (beispielsweise statt 10 Zentimeter Durchmesser nur 7 oder 8 Zentimeter Durchmesser).

Bei geneigten Dächern mit Traufe muss das Traufblech (Kiesfang) oder der Traufbalken die Wassermengen hindurchlassen. Dazu müssen Aussparungen eingeplant werden. Die Fläche der Aussparungen sollte etwa 50 Prozent der Querschnittsfläche des Traufblechs oder des Traufbalkens betragen. Allerdings ist das nur in den untersten 3 bis 4 Zentimetern nötig, da Dachwasser nur in Bodennähe über der Dachhaut abfließt (und nicht in der gesamten Höhe des Substrates). Ebenso kann man den Traufbalken auf Abstandshalter von etwa 3 Zentimeter Höhe montieren. Das Vlies hinter dem Traufblech oder Traufbalken verzögert den Abfluss. Wasser, das sich dahinter staut, wird zum Teil vom Substrat aufgesaugt.

Drainage

Unter einer Drainage versteht man das unterirdische Erfassen von Wasser (im Bereich des Untergrundes) und das drucklose Abführen zu einem Abfluss. Im Fall einer Dachentwässerung benutzt man eine Kiespackung in Form einer Rolle. Dazu wird eine Reihe Kies auf ein Vlies geschüttet und in dieses einschichtig eingerollt. Wird über einen Gully entwässert, legt man die Kiesrolle ringförmig um den Gitterkorb des Bodeneinlasses herum. Erfolgt die Entwässerung durch ein Traufgitter, liegt die Drainagepackung vor dem Gitter.

Eine Drainage kann verstopfen, wenn sich das Vlies mit Substratteilchen wie Humus oder Kompost zusetzt. Verhindern können Sie das nur, wenn Sie auf Kompost vor der Drainage verzichten. Gute Durchwurzelung des Substrates hält feine Substratteilchen vor dem Wegschwemmen fest. Ist das Drainagevlies dennoch zugesetzt, kann man es recht einfach erneuern und den Kies wiederverwenden.

Technische Begriffe kurz erklärt

➤ Vliese, Matten, Schubschwellen

Geovlies: ein weißes stabiles Wirrgewebe aus Kunststofffasern zum Schutz von Teichfolien, Dachhäuten, als Unterlage für den Wegebau, zur Hangsicherung und für weitere Anwendungen im Garten- und Landschaftsbau. Wird in unterschiedlichen Dicken nach Gramm pro Quadratmeter bemessen.

Gemüsevlies: ein sehr dünnes, lichtdurchlässiges Vlies zum Schattieren von Pflanzenkulturen, zum Schutz vor Barfrösten, gegen Verwehung und anderes.

Filtervlies: das obere Schutzvlies auf der Folie, verhindert beim zweischichtigen Substrataufbau, dass feine Substratteilchen in die Drainageschicht gelangen.

Schutzvlies: schützt die Folie gegen Beschädigung von unten und oben. Das obere Vlies saugt Wasser auf und wird von den Pflanzen durchwurzelt. Auf dem Gründach sollte es etwa 300 g/m² wiegen.

Trennlage: ein Vlies, das zum Schutz vor unerwünschten chemischen Reaktionen zwischen eine alte Dachhaut und eine neue Dachfolie gelegt wird. Ist gleichzeitig unteres Schutzvlies für die Folie.

Krallmatte: stabile Kunststoffschlaufen, die auf einem Vlies befestigt sind. Sie verhindern, dass Substrat auf dem Dach abrutscht, und dienen gleichzeitig als oberes Schutzvlies für die Folie.

Schubschwelle und Schubgitter: zur Abrutschsicherung für Steildächer aufgelegte Konstruktionen aus Holz, Kunststoff oder Metall. Schubgitter stützen sich am Traufbalken ab und können gegebenenfalls am First miteinander verbunden werden.

➤ Folie

Dachhaut: die oberste, wasserdichte Schutzlage eines unbegrünten Dachs. Früher Teerpappe, heute Bitumenbahn (»Dachpappe«), eine Folie oder armierte Dichtungsbahn.

Wurzelschutzbahn oder Wurzelschutzfolie: eine wurzelfeste Dachhaut.

Teichfolie: eine wurzelfeste Folie für den Teichbau, die bei Nebengebäuden ab 1 Millimeter Dicke auch für extensive und naturnahe Dachbegrünungen verwendet werden kann. Sie muss vor UV-Strahlung geschützt werden (UV-Strahlen machen die Kunststoffe porös und damit die Folie undicht)!

UV-Schutz: Abdeckung einer Folie gegen Sonneneinstrahlung, hier mittels eines Vlieses.

➤ Dachrand

Attika: der erhöhte Rand eines Flachdachs.

Aufkantung: eine Erhöhung des Dachrandes beziehungsweise der Attika.

Dachanschluss: die Kontaktfläche von einem Dach (zum Beispiel Garagendach) an das Mauerwerk eines anderen Gebäudes (zum Beispiel Wohnhaus).

Randanschluss: die Verbindung der Dachfolie mit Dachrand (zum Beispiel spezielle Klemmschiene).

Dachdurchdringung: die Stelle, an der ein Gully, ein Entlüftungsrohr, ein Kabel oder Kamin eine Öffnung der Dachhaut nötig macht.

Traufbalken: der stabile Dachrand eines geneigten Dachs in Form eines runden oder eckigen Balkens. Er muss auf Distanzhalter gelegt werden, damit das Dachwasser unter ihm abfließen kann. Je steiler und länger das Dach, desto höher sind die Schubkräfte des Substrats. Auch die Schubschwellen eines Steildachs stützen sich auf dem Traufbalken ab.

➤ Traufe

Traufentwässerung: die Entwässerung eines geneigten Dachs über den gesamten Dachrand. Das Wasser kann über die gesamte Breite über einen Kiesfang in eine Rinne laufen oder mittels einer Kiesdrainage zu zwei Eckgullys geleitet werden.

Traufblech: ein gelochter oder mit Schlitzen versehener stabiler (geknickter oder gefalzter) Blechstreifen, der Kies zurückhält und Wasser durchlässt.

Kiesfang: ein gelochtes stabiles Blech (siehe Traufblech) oder ein Korb für einen Gully. Beide verhindern, dass Drainagekies, grobe Substratteilchen oder Laub in die Entwässerung gelangen.

➤ Entwässerung

Gefälle: der Entwässerung dienende Neigung eines Weges, Platzes oder Flachdachs, gemessen in Prozent (meist 2–3 %).

Neigung: der Winkel einer Dachneigung, gemessen in Grad.

Drainage: eine geschüttete Schicht aus Kies oder eine spezielle Matte (Festkörperdrainage) zum Ableiten von Wasser.

Drainagekies: gesiebter und gewaschener Kies definierter Korngröße.

Drainagematte (»Schutz-, Drain- und Filtermatte«): Kunststoffmatte mit einem Kern aus leichtem Wirrgewebe, beidseitig kaschiert mit einer dünnen Lage Vlies, zum Ableiten überschüssigen Wassers.

Filterschicht: eine Drainageschicht bei der zweischichtigen Begrünung. Sie kann (statt aus Drainagekies) aus reinem mineralischen Substrat (ohne organische Zusätze!) bestehen, das leichter ist als Kies.

Gully: ein senkrecht eingebauter Dachablauf, der mit einem Kiesstreifen ummantelt und mit einem Kiesfang abgedeckt werden sollte.

Überlauf: ein waagerecht eingebauter Ablauf.

Anstau: Wenn der Wasserablauf etwas höher als die Dachfläche eingebaut wird, staut sich das Wasser so lange, bis es vom Substrat aufgesogen wird. In Gegenden mit wenig Niederschlag erreicht man damit eine bessere Ausnutzung des Wassers. Bei viel Niederschlag kann der Wasseranstau zu Vernässung des Substrats und damit zu Wurzelfäulnis bei den Pflanzen führen.

➤ Substrat

Im Gartenbau werden mit »Substrat« alle Nährböden bezeichnet, sowohl industriell hergestellte als auch in der Natur und im Garten vorkommende Erden. Hergestellte Substrate bestehen aus bestimmten Mischungen von mineralischen und organischen Bestandteilen.

Dachsubstrate haben einen hohen mineralischen Anteil aus porenreichen Schüttstoffen (Lava, Bims und andere). Sie können große Mengen Wasser aufnehmen und an die Pflanzenwurzeln abgeben. Sie sind strukturstabil, verwittern also nicht, und haben ein geringes spezifisches Gewicht. Je nach Begrünungstyp werden organische Bestandteile (meist kontrollierter Kompost) in unterschiedlichen Mengen beigemischt.

Ausgewählte Bezugsquellen

➤ Dachsubstrate, Dachbegrünungs-Systeme, Folien und Vliese

re-natur GmbH
Charles-Roß-Weg 24
24601 Ruhwinkel
www.re-natur.de

VulkaTec Riebensahm GmbH
Im Pommerfeld 2
56630 Kretz bei Andernach
www.vulkatec.de

Rudolf Klojer GmbH
Friedhofstraße 16
67273 Weisenheim am Berg
www.klojer.de

Paul Bauder GmbH
Korntaler Landstraße 63
70499 Stuttgart
www.bauder.de
(Dränagematte: Schutz-, Drän- und Filtermatte)

Optigrün international AG
Am Birkenstock 15–19
72505 Krauchenwies-Göggingen
www.optigruen.de

ökohum GmbH
Obere Bergenstraße 8
88518 Herbertingen
www.oekohum.de

➤ Saatgut, Sprossen, Stauden und Zwerggehölze

Wildpflanzengärtnerei Strickler GbR
Wormser Straße 5
55234 Kettenheim
www.gaertnerei-strickler.de

Appels Wilde Samen GmbH
Brandschneise 2
64295 Darmstadt
www.appelswilde.de

Rieger-Hofmann GmbH
In den Wildblumen 7–13
74572 Blaufelden-Raboldshausen
www.rieger-hofmann.de

Hof Berg-Garten
Lindenweg 17
79737 Herrischried
www.hof-berggarten.de

Gärtnerei StaudenSpatz
Kreilhof 7
82386 Oberhausen
www.staudenspatz.de

Voitsauer Wildblumensamen
Voitsau 8
3623 Kottes-Purk
Österreich
www.wildlblumensaatgut.at

Wilde Blumen OG
Puchheimer Straße 9
4844 Regau
Österreich
www.wildeblumen.at

fenaco UFA-Samen
In der Euelwies 34
8408 Winterthur
Schweiz
www.ufasamen.ch

Die Wildstaudengärtnerei AG
Neumühle 2
6274 Eschenbach
Schweiz
www.wildstauden.ch

➤ Nisthilfen

Hasselfeldt GmbH
Dorfstraße 10
24613 Aukrug
www.nistkasten-hasselfeldt.de

Vivara Naturschutzprodukte
Zum Eisenhammer 53
46049 Oberhausen
www.vivara.de

Schwegler Vogel- und Naturschutzprodukte GmbH
Heinkelstraße 35
73614 Schorndorf
www.schwegler-natur.de

Naturgarten-Shop
David Seifert GmbH
Langenbrucker Straße 4
85309 Pörnbach
www.naturgartenshop.com

Pflanzenbestimmungs-Apps – eine Auswahl

- **Flora Incognita,** Technische Universität Ilmenau: https://floraincognita.de
- **iNaturalist:** https://inaturalist.org
- **ObsIdentify:** https://observation.org
- **Naturblick:** https://naturblick.museumfuernaturkunde.berlin
- **Pl@ntNet:** https://identify.plantnet.org/de

Für Artenvielfalt und Biodiversität

Michael Altmoos:
Besonders: Schmetterlinge
ISBN: 978-3-89566-408-3

Ulrike Aufderheide:
Die Rasen-Revolution
ISBN: 978-3-89566-433-5

Michael Altmoos:
Mehr Wildnis wagen!
ISBN: 978-3-89566-424-3

Ulrike Aufderheide:
Tiere pflanzen
ISBN: 978-3-89566-388-8

ISBN: 978-3-89566-440-3

Am Molkenbrunnen 4, 64287 Darmstadt
www.pala-verlag.de

Bildnachweis:
Seiten 40 (links), 67, 152, 176: Brigitte Kleinod
Seite 115 (unten links): E. Fröhlich
Seite 115 (unten rechts): J. Groth
alle anderen Fotos: Friedhelm Strickler

Umschlag vorne: Margret Schneevoigt
Umschlag hinten: Brigitte Kleinod *(links),* Friedhelm Strickler *(rechts)*
Illustrationen: Margret Schneevoigt

Lektorat und Gestaltung: Barbara Reis, Angelika Eckstein

Druck und Bildung: Beltz Grafische Betriebe GmbH, Bad Langensalza
www.beltz-grafische-betriebe.de
Printed in Germany

Pflichtangaben gemäß »General Product Safety Regulation« (GPSR):
Hersteller: pala-verlag gmbh, Am Molkenbrunnen 4, 64287 Darmstadt
Kontakt in Fragen der Produktsicherheit: gpsr@pala-verlag.de
Warnhinweise und Sicherheitsinformationen:
Sicherheitshinweis entsprechend Art. 9 Abs. 7 S. 2 der GPSR entbehrlich

Gedruckt auf
100% Recyclingpapier